Schallschutz im Wohnungsbau
Gütekriterien, Möglichkeiten, Konstruktionen

Wolfgang Moll
Annika Moll

Schallschutz im Wohnungsbau
Gütekriterien, Möglichkeiten, Konstruktionen

Wolfgang Moll
Annika Moll

Professor Wolfgang Moll
Beratender Ingenieur
Akustik-Ingenieurbüro Moll GmbH
Elvirasteig 11
14163 Berlin

Dipl.-Ing. Annika Moll
Akustik-Ingenieurbüro Moll GmbH
Elvirasteig 11
14163 Berlin

Titelbild: Treehouses Bebelallee, Hamburg, 2010
blauraum architekten, Hamburg

Foto: Dominik Reipka, Hamburg

Bibliografische Information Der Deutschen Nationalbibliothek
Die Deutsche Nationalbibliothek verzeichnet diese Publikation in der Deutschen Nationalbibliografie;
detaillierte bibliografische Daten sind im Internet über <http://dnb.d-nb.de> abrufbar.

© 2011 Wilhelm Ernst & Sohn, Verlag für Architektur und technische Wissenschaften GmbH & Co. KG, Rotherstr. 21, 10245 Berlin, Germany

Alle Rechte, insbesondere die der Übersetzung in andere Sprachen, vorbehalten. Kein Teil dieses Buches darf ohne schriftliche Genehmigung des Verlages in irgendeiner Form – durch Fotokopie, Mikrofilm oder irgendein anderes Verfahren – reproduziert oder in eine von Maschinen, insbesondere von Datenverarbeitungsmaschinen, verwendbare Sprache übertragen oder übersetzt werden.

All rights reserved (including those of translation into other languages). No part of this book may be reproduced in any form – by photoprinting, microfilm, or any other means – nor transmitted or translated into a machine language without written permission from the publisher.

Die Wiedergabe von Warenbezeichnungen, Handelsnamen oder sonstigen Kennzeichen in diesem Buch berechtigt nicht zu der Annahme, daß diese von jedermann frei benutzt werden dürfen. Vielmehr kann es sich auch dann um eingetragene Warenzeichen oder sonstige gesetzlich geschützte Kennzeichen handeln, wenn sie als solche nicht eigens markiert sind.

Umschlaggestaltung: Sonja Frank, Berlin
Satz: Druckhaus „Thomas Müntzer" GmbH, Bad Langensalza
Gesamtherstellung: pagina GmbH, Tübingen
Druck und Bindung: betz-Druck GmbH, Darmstadt

Printed in the Federal Republic of Germany.
Gedruckt auf säurefreiem Papier.

ISBN 978-3-433-02936-7
Electronic version available. O-Book ISBN 978-3-433-60094-8

Vorwort

Dieses Buch befasst sich gezielt mit dem Schallschutz im *Wohnbereich*, sowohl mit den Geräuschen in Wohnungen und ihrer Dämmung gegenüber den Nachbarn als auch mit der Einwirkung des akustischen Umfeldes auf eine Wohnung. Es soll in der gegenwärtig deutlich zu spürenden allgemeinen Verunsicherung allen an diesem Thema Interessierten Aufklärung und Orientierung bieten. Es wendet sich daher an Baufachleute, auch an Wohnungssuchende, und besonders an Bauherren, die den kommerziellen Wert einer bauakustisch guten Bauweise noch nicht erfahren haben, aber Wohnungen bauen oder umbauen möchten, in denen sich die Bewohner auch akustisch wohl fühlen. Wir hoffen, auch das Interesse von Juristen an diesem Buch wecken zu können, weil es auf der Grundlage bekannter physikalischer Basiswerte mit drei Qualitätsstufen *nachvollziehbare* Anforderungen an den Schallschutz zwischen Wohnungen ableitet.

Im Gegensatz zur zentralen Schallschutznorm DIN 4109 [1], deren Neubearbeitung sich schon viele Jahre hinzieht, und einer umfassenden Darstellung des gegenwärtigen Wissensstandes *Schallschutz und Akustik* im Bauphysik-Kalender 2009 [2], beschränkt sich dieses Buch bewusst auf den Wohnungsbau, weil das akustisch zufriedenstellende Wohnen alle Bevölkerungsschichten betrifft und die bisherigen Anforderungen an den Schallschutz von Wohnungen zunehmend kritisch beurteilt werden.

Das Buch beantwortet die Fragen wie viel Schallschutz im Einzelfall erwünscht, erforderlich oder geschuldet ist und wie sich mit den im Wohnungsbau verwendeten Baustoffen und Konstruktionen und ihren unterschiedlichen schalltechnischen Qualitäten die jeweils erforderliche oder gewünschte Schalldämmung bestimmen lässt. Hierbei werden die Erklärungen und physikalischen Grundlagen der bauakustischen Begriffe und Gesetzmäßigkeiten kompakt und weitgehend vom Text losgelöst in 15 separaten Anhängen (s. Anhangliste) dargestellt, damit der Leser nicht gleich im Gestrüpp von Formeln und Fachausdrücken hängen bleibt. Hierdurch soll das flüssige Lesen des Textes, aber auch die gezielte Beschäftigung mit den einzelnen Mosaiksteinen der Bauakustik erleichtert werden. Unser Buch könnte damit auch Studierenden das Verständnis der Bauakustik erleichtern.

Wände, Decken, Fußböden, Türen und Fenster sind die den Schallschutz zwischen Wohnungen und gegenüber der Umgebung bestimmenden Elemente. Ihre bauakustischen Eigenschaften, die guten und die weniger guten, und damit ihre Eignung für das Planen und Bauen bauakustisch guter Wohnungen, für das Bauen im Bestand und für die Beurteilung bestehender Wohnungen, werden kritisch unter die Lupe genommen.

Es ist jedoch nicht Zweck des Buches, die meist auf DIN-Normen gestützte Bauakustikplanung eines Fachplaners zu ersetzen, sondern diese durch Empfehlungen und Hinweise zu unterstützen, die sich aufgrund jahrzehntelanger Erfahrungen als bauakustisch vorteilhaft erwiesen haben. Deswegen wird weitgehend auf den Nachdruck vieler Tabellen, die in den Normen und der Fachliteratur nachgelesen werden können, verzichtet.

Planung und Nachweis des Schallschutzes werden nach der „neuen" DIN 4109, deren Erscheinungsdatum immer noch nicht feststeht, umfangreicher, detaillierter und für viele Anwender wohl auch schwieriger sein. Daher sind Zweifel erlaubt, ob der deutlich wachsende Umfang der neuen DIN 4109 auch zu einem höheren Durchschnittsniveau des Schallschutzes im Wohnungsbau führen wird oder sogar das Gegenteil bewirkt. Nicht zuletzt aus diesem Grunde soll dieses Buch mit zahlreichen Beispielen, vorwiegend auch von uns am Bau gemessener Konstruktionen, eine Hilfe für alle Planer sein, die sich mit dem Schallschutz im Wohnungsbau befassen.

Ausführlicher wird auf die aktuelle Entwicklung im Bereich der Normung und der Anforderungen zum Schallschutz eingegangen, denn sie erfordert einen etwas tieferen Einstieg in das Wesen der Bauakustik. Gemeint ist die sinnvolle und nun auch in Deutschland vorgesehene Umstellung von den bauteilspezifischen Anforderungen an die *Schalldämmung* von Bauteilen auf die nachhallzeitbezogenen Größen des *Schallschutzes* zwischen zwei Räumen.

Umfangreiche Tabellen mit den für die bauakustische Planung wichtigen Material- und Konstruktionseigenschaften und die detaillierten Berechnungsmethoden hätten nicht nur den Rahmen dieses Buches gesprengt, sondern auch die Zielrichtung verfehlt, nämlich die grundsätzlichen Zusammenhänge zu verdeutlichen und zu sagen „worauf es ankommt". Gleichwohl kommt auch dieses Buch nicht ganz ohne tabellarische und rechnerische Bauakustikfragmente aus, die auf Angaben in der bauakustischen Normung und Standardliteratur [3, 4, 5, 6] sowie auf vielen Messwerten unseres Büros beruhen. Wir hoffen, denjenigen, „die es genauer wissen wollen", mit den Literaturhinweisen den erstrebten Weg zu den höheren Schallschutzkenntnissen weisen zu können.

In einem Land und zu einer Zeit, in der das Bauen durch bauphysikalische Planungsgrundsätze zur Energieeinsparung weitgehend beeinflusst, ja sogar dominiert wird, ist es an der Zeit, auch dem akustisch komfortablen, d. h. vor allem dem ungestörten Wohnen wieder mehr Beachtung als bisher zu schenken. Leider beschränkt sich zurzeit die Beschäftigung mit der Bauakustik im Rahmen der Wohnungsbauplanung zunehmend nur auf die bauordnungsrechtlich geforderten *Schallschutznachweise*, die nicht mit einer fachkundigen Beratung durch unabhängige Beratende Ingenieure für Bauakustik verwechselt werden dürfen. Eine zielorientierte Bauakustikplanung setzt bauakustische Praxis, reichhaltige Erfahrungen, die Kooperation mit kreativen Architekten und Tragwerksplanern sowie eine Bauherrschaft voraus, die eine Wohnungsimmobilie nicht nur unter dem Aspekt der wirtschaftlichen Maximierung sieht, sondern auch bereit ist, Wohnraum zu schaffen, in dem die Bewohner weder passiven noch aktiven Schallübertragungen zwischen ihren

Wohnungen ausgesetzt sind. Dies ist keine Utopie, sondern schon mehrfach gebaute und keineswegs teurere Realität, auch wenn einige „interessierte Kreise" der Bauwirtschaft gebetsmühlenartig das Gegenteil behaupten.

Schließlich war auch unser Wunsch, die als Prüfer, Berater und Gutachter erworbenen Kenntnisse über den Schallschutz im Bauwesen, die zum großen Teil auf zahlreichen Messungen der Luft- und Trittschalldämmung in Neu- und Altbauten und der Mitarbeit in DIN- und VDI-Arbeitsausschüssen beruhen, weiterzugeben, ein wesentlicher Anlass, dieses Buch zu verfassen.

Annika und Wolfgang Moll *Berlin, im Mai 2011*

Danksagung

Wir danken sehr herzlich unserem Kollegen W. D. Kötz und der Lektorin Frau Ozimek vom Verlag Ernst & Sohn für ihre Vorschläge, ebenso allen Architekten und Fachkollegen, die mit wichtigen Anregungen zum Gelingen dieses Buches beigetragen haben, unserer Tochter bzw. Schwester Katrin Moll sowie allen Mitarbeitern unseres Büros, besonders Frau Stirnal, für die Geduld und Nachsicht, mit der sie unsere Arbeit ertrugen.

Autoren

Prof. Ing. *Wolfgang Moll* (Jg. 1928) studierte Physik an der Freien Universität Berlin und Elektrotechnik an der Technischen Hochschule Berlin-Charlottenburg (heute TU Berlin).

Seit 1955 ist er selbständig als Beratender Ingenieur für Bau- und Raumakustik, und 1961 gründete er in Berlin das erste nach PTB-Prüfung (Vergleichsmessung) anerkannte freiberufliche Ingenieurbüro für bauakustische Güteprüfungen. Die Akustik-Ingenieurbüro Moll GmbH hat seither die bau- und raumakustische Bearbeitung zahlreicher bedeutender Bauten im In- und Ausland ausgeführt.

W. *Moll* war und ist Mitglied in mehreren DIN- und VDI-Arbeitsausschüssen, und hat Erstentwürfe für mehrere Regelwerke verfasst. In den DIN 4109-Arbeitsausschuss wurde er 1958 durch A. Eisenberg berufen. Für die Neufassung von DIN 4109, Teil 1 formulierte er u. a. die Anforderungen zum Schallschutz und das Raumgruppenkonzept.

In den Jahren 1979–1985 hatte er außerdem einen Lehrauftrag für Bau- und Raumakustik an der Hochschule der Künste HdK Berlin (heute Universität der Künste UdK) und 2004–2006 war er Gastprofessor für Bau- und Raumakustik an der Hochschule für Bildende Künste Hamburg, Studiengang Architektur.

W. *Moll* hat zahlreiche Veröffentlichungen in Fachzeitschriften über Tritt- und Luftschalldämmung in Neubauten, Verkehrslärm-Messungen und -Berechnungen und zur analytischen Herleitung begründeter Anforderungen zum Schallschutz durch bekannte Basiswerte (VDI 4100) verfasst.

Dipl.-Ing. Arch. *Annika Moll* (Jg. 1978) absolvierte eine Ausbildung zur Technischen Zeichnerin. Anschließend studierte sie Architektur an der Technischen Universität Berlin und an der Universität der Künste UdK Berlin.

Nach mehrjähriger Tätigkeit bei Sauerbruch Hutton Architekten ist sie seit 2003 Gesellschafterin, später Projektleiterin und seit 2008 Prokuristin der Akustik-Ingenieurbüro Moll GmbH.

Schallschutz im Wohnungsbau: Gütekriterien, Möglichkeiten, Konstruktionen. W. Moll, A. Moll
© 2011 Ernst & Sohn GmbH & Co. KG. Published by Ernst & Sohn GmbH & Co. KG.

Innovative Messtechnik für die Bauakustik

Norsonic-Tippkemper GmbH

Seit über 30 Jahren steht der Name Norsonic-Tippkemper für innovative Messtechnik und fundierte Beratung im Bereich der bauakustischen Messtechnik.

Norsonic-Tippkemper GmbH
Zum Kreuzweg 12, 59302 Oelde, Tel. (+49) 2529 9301-0
tippkemper@norsonic.de   www.norsonic.de

BUCHEMPFEHLUNG

Häupl, P.
Bauphysik – Klima Wärme Feuchte Schall
Grundlagen, Anwendungen, Beispiele, Aktiv in Mathcad
2008. 594 Seiten,
642 Abb., 75 Tab., Geb.
€ 89,– / sFr 142,–
ISBN 978-3-433-01842-2

Bauphysik – Klima Wärme Feuchte Schall

Klimagerecht Bauen: das heißt volle Gewährleistung der Funktionssicherung, wie hygienisch optimales Raumklima bzw. Einhaltung von Produktionsbedingungen, und der Eigensicherung von Gebäuden, wie z. B. Vermeidung von Feuchteschäden an Bauteilen, unter gegebenen auflenklimatischen Bedingungen.

Das vorliegende Buch ist klassisch gegliedert in die Teile Klima, Wärme, Feuchte, Schall, es weicht aber im Einzelnen und in den Vermittlungsmethoden von eingefahrenen Wegen ab und ist somit keine Wiederholung gängiger oder bewährter Literatur. Bauphysikalische Normen sind aufgrund der intensiven Wissensschöpfung kurzlebig. Es wird deshalb sparsam darauf Bezug genommen.

Alle bauphysikalischen Zusammenhänge sind mittels und in der einfachen Software Mathcad formuliert. Für den unter Zeitdruck lernenden und praktizierenden Ingenieur sind die verwendeten Gleichungen leicht verständlich und meist näherungsweise aus den physikalischen Grundgesetzen abgeleitet. Dies betrifft zahlreiche bekannte, aber auch viele neue, weit über das Normenniveau hinaus gehende und dennoch praktikable und plausible Aussagen und Anwendungen. Obgleich auf allen Gebieten der Bauphysik Software-Tools auf der Basis numerischer Simulationsverfahren vorliegen, beruht der Schwerpunkt dieses Buches auf geschlossenen analytischen Darstellungen der wesentlichen Sachverhalte. Eine CD mit allen programmierten analytischen Gleichungen lauffähig ab Mathcad 2001 Professional ist beigefügt und kann zum Rechnen, grafischen und tabellarischen Darstellen, Vorbemessen und Planen genutzt werden.

Ernst & Sohn Verlag für Architektur und technische Wissenschaften GmbH & Co. KG

www.ernst-und-sohn.de

* Der € Preise gelten ausschließlich für Deutschland.
Irrtum und Änderungen vorbehalten.

Für Bestellungen und Kundenservice:

Verlag Wiley-VCH   Telefon: +49(0) 6201 / 606-400,
Boschstraße 12,   Telefax: +49(0) 6201 / 606-184,
69469 Weinheim   E-Mail: service@wiley-vch.de

Inhaltsverzeichnis

Vorwort		V
Danksagung		IX
Autoren		XI
1	**Wohnen und Schallschutz**	1
1.1	Allgemeines	1
1.2	Schallschutzziel	2
1.3	Die Normung des Schallschutzes im Wohnungsbau	3
1.4	Anforderung und Mindestanforderung	4
1.5	Hören, Wohngeräusche, Umgebungslärm und Grundgeräuschpegel	6
1.6	Lärm und Stille	10
2	**Grundsätzliches zur Schalldämmung von Bauteilen**	13
2.1	Luftschalldämmung	13
2.1.1	Wege der Luftschallübertragung	14
2.1.2	Das Massegesetz	15
2.1.3	Biegeweich – biegesteif	16
2.1.4	Bewertung der Luftschalldämmung; Bezugskurve	17
2.2	Trittschalldämmung	19
2.2.1	Wege der Trittschallübertragung – Trittschall und Gehschall	20
2.2.2	Konstruktive Voraussetzungen für eine gute Trittschalldämmung	21
2.2.3	Geeignete und nicht geeignete Fußböden (Oberdecken und Deckenauflagen)	23
2.2.4	Bewertung der Trittschalldämmung; Bezugskurve	23
3	**Technisches Regelwerk**	25
3.1	DIN 4109 – eine unendliche Geschichte	25
3.2	VDI 4100 – das andere Regelwerk	30
4	**Schalldämmung und Schallschutz**	33
4.1	Begriffsdefinition – Anforderungen	33

Schallschutz im Wohnungsbau: Gütekriterien, Möglichkeiten, Konstruktionen. W. Moll, A. Moll
© 2011 Ernst & Sohn GmbH & Co. KG. Published by Ernst & Sohn GmbH & Co. KG.

4.2	Welche Anforderungen sind angemessen und künftig zu berücksichtigen?	38
4.2.1	Die Normungssituation im Jahr 2010/2011	38
4.2.2	Rechnerische Herleitung der Anforderungen an den Luftschallschallschutz	39
4.2.3	Empfohlene Anforderungen an den Luftschallschutz	44
4.2.4	Empfohlene Anforderungen an den Trittschallschutz	45
4.2.5	Empfohlene Anforderungen an höchstzulässige Schallpegel der Technischen Gebäudeausrüstung (TGA)	46
4.2.6	Besondere Anforderungen an den Schutz gegen tieffrequenten Lärm	46
5	**Bauweisen und Schallschutz**	**49**
5.1	Übliche Massivbauweise	49
5.1.1	Einschalige schwere Massivwände	49
5.1.2	Zweischalige schwere Massivwände (Haustrennwände)	50
5.1.3	Leichte Massivwände	53
5.1.4	Massivdecken	53
5.1.5	Luft- und Trittschall-Flankenübertragung bei Massivdecken	56
5.2	Trockenbau	57
5.2.1	Wandvorsatzschalen	58
5.2.2	Unterdecken	59
5.2.3	Trockenbauwände	60
5.3	Bauten aus Holz und anderen Naturmaterialien	61
5.3.1	Alte Holzbalkendecken	62
5.3.2	Moderne Holzdecken	63
5.4	Treppen	64
6	**Technische Gebäudeanlagen (TGA)**	**67**
6.1	Körperschall	67
6.2	Anforderungen	68
6.3	Wasser- und Abwasseranlagen	69
6.4	Heizungsanlagen	70
6.5	Aufzüge	71
7	**Schutz gegen Außenlärm**	**73**
7.1	Maßgeblicher Außengeräuschpegel	73
7.2	Anforderungen	75
7.3	Resultierende Schalldämmung	75
7.4	Schalldämmung von Fenstern	76
7.5	Schalldämmung von Außenwänden	76
8	**Empfehlungen für eine Bauweise mit besonders hochwertigem Schallschutz**	**79**
9	**Bauen im Bestand**	**83**
9.1	Ausbau von Dachgeschossen	84
9.2	Lofts	90

10	**Merksätze zum Schallschutz von Wohnungen**	93
11	**Wohnen und Raumakustik**	95

Anhänge

Anhang 1	Schall, Wellenlänge, Frequenz, Schalldruck, Schallpegel, Hörfläche	97
Anhang 2	Lautstärke und Lautheit	99
Anhang 3	Frequenzbewertung, A-Schallpegel, C-Schallpegel, Geräuschspektrum, Mittelungspegel	101
Anhang 4	Logarithmen – Addition und Subtraktion von Schallpegeln	105
Anhang 5	Schallpegel typischer Innen- und Außengeräusche in Wohnungen	107
Anhang 6	Schallleistung und Schallleistungspegel	109
Anhang 7	Reflexion, Absorption und Dämmung von Luftschall	111
Anhang 8	Nachhallzeit, Absorptionsfläche, Schallpegeldifferenzen	113
Anhang 9	Luftschalldämmung, Schalldämm-Maße, Bezugskurve	115
Anhang 10	Koinzidenz, biegeweich – biegesteif	117
Anhang 11	Resonanz	121
Anhang 12	Trittschalldämmung, Norm-Trittschallpegel, Standard-Trittschallpegel, bewertete Trittschallpegel Bezugskurve, Trittschallminderung	123
Anhang 13	Spektrum-Anpassungswerte für Luft- und Trittschall	127
Anhang 14	Schema zur Bestimmung des erforderlichen Luftschallschutzes erf. $D_{nT,w}$ und der erforderlichen Luftschalldämmung erf. R'_w zwischen zwei Räumen	131
Anhang 15	Resultierende Schalldämmung zusammengesetzter Flächen	133

Literaturverzeichnis 135

Stichwortverzeichnis 139

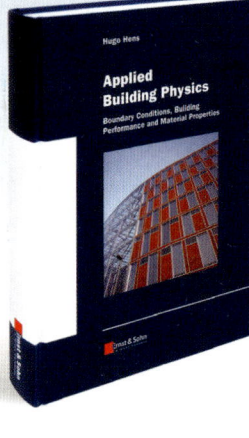

Applied Building Physics

HUGO S.L.C. HENS

Applied Building Physics
Boundary Conditions, Building Performance and Material Properties

2010.
322 pages, 100 figures, 20 tables, Softcover.

€ 59,–*
ISBN 978-3-433-02962-6

■ The outdoor and indoor climate conditions are described and calculation values are discussed, the performance concept is specified at the building level, at the building envelope level and at the materials' level. Definability in an engineering way, predictability at the design stage and controllability are the measures of concepts' quality. Thus, the author gives a practical guide of the performance approach which helps consulting engineers, architects and contractors guaranteeing building quality.

This book is the result of 35 years of teaching architectural, building and civil engineers, coupled to 40 years of experience, research and consultancy.

Building Physics – Heat, Air and Moisture

HUGO S.L.C. HENS

Building Physics – Heat, Air and Moisture
Fundamentals and Engineering Methods with Examples and Exercises

2007.
270 pages, 133 figures, 16 tables, Softcover.

€ 59,–*
ISBN 978-3-433-01841-5

■ The book discusses the theory behind the heat and mass transport in and through building components. Steady and non steady state heat conduction, heat convection and thermal radiation are discussed in depth, followed by typical building-related thermal concepts such as reference temperatures, surface film coefficients, the thermal transmissivity, the solar transmissivity, thermal bridging and the periodic thermal properties. Water vapour and water vapour flow and moisture flow in and through building materials and building components is analyzed in depth, mixed up with several engineering concepts which allow a first order analysis of phenomena such as the vapour balance, the mold, mildew and dust mites risk, surface condensation, sorption, capillary suction, rain absorption and drying. In a last section, heat and mass transfer are combined into one overall model staying closest to the real hygrothermal response of building components, as observed in field experiments.

The book combines the theory of heat and mass transfer with typical building engineering applications. The line from theory to application is dressed in a correct and clear way. In the theory, oversimplification is avoided.

This book is the result of thirty years teaching, research and consultancy activity of the author.

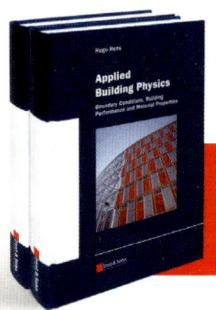

**Package-Price
€ 99,–***
instead of € 118,–*
ISBN 978-3-433-02963-3

Online-Order: www.ernst-und-sohn.de

Ernst & Sohn
A Wiley Company

Verlag für Architektur und technische Wissenschaften GmbH & Co. KG

Customer Service: Wiley-VCH
Boschstraße 12
D-69469 Weinheim

Tel. +49 (0)6201 606-400
Fax +49 (0)6201 606-184
service@wiley-vch.de

*€ Prices are valid in Germany, exclusively, and subject to alterations. Prices incl. VAT. Books excl. shipping. Journals incl. shipping. 0193500006_dp

1 Wohnen und Schallschutz

1.1 Allgemeines

Für ein zufriedenstellendes Wohnen ist ein ungestörter erholsamer Schlaf und für die Zeit des Wachseins eine nur durch selbst erzeugte oder beeinflussbare Eigengeräusche geprägte Geräuschstruktur in den eigenen vier Wänden eine wichtige, meist aber nur gewünschte, Voraussetzung. Man möchte vom Nachbarn nichts hören, weder Musik noch Sprache oder gar lautes Lärmen und Streiten. Und wenn man etwas hört, wird einem klar, dass umgekehrt meist das Gleiche gilt: mein Nachbar kann mich sicher auch hören. Der Wunsch nach Anonymität und Privatsphäre ist ein Grundbedürfnis vieler Bewohner. Wenn der Alltagslärm endlich zur ersehnten Stille in den eigenen vier Wänden abgeklungen ist, wird auch ein leises Störgeräusch „durch die Wand hindurch" als lästig empfunden.

Das Grundgesetz unseres Landes garantiert jedem Bürger als wesentliche Merkmale des „allgemeinen Persönlichkeitsrechts" die Wahrung der Privat- und Intimsphäre, die freie Entfaltung der Persönlichkeit und die Unverletzlichkeit der Wohnung. In Kommentaren zum Grundgesetz kann man hierzu u. a. lesen:

- Besonders geschützt ist der Intimbereich, der die Sphäre des menschlichen Lebens umfasst, die durch weitgehende Abgeschiedenheit von der Beteiligung anderer Personen (mit Ausnahme der Familie) gekennzeichnet ist. Die Wohnung im engeren Sinne gehört zur privaten Intimsphäre. Dem mit Rücksicht darauf stärkeren Bedürfnis nach Fernhaltung von Störungen entspricht es, die Begriffe „Eingriffe" und „Beschränkungen" insoweit streng auszulegen.
- Der hohe Rang des Rechts auf freie Entfaltung der Persönlichkeit ergibt sich aus der engen Beziehung zur Menschenwürde als dem höchsten Wert der Verfassung. Mit der freien Entfaltung der Persönlichkeit schützt Artikel 2(1) des Grundgesetzes die Selbstverwirklichung des Menschen nach seinen eigenen Vorstellungen.
- Die Unverletzlichkeit der Wohnung ist ihrem Ursprung nach ein echtes Individualrecht, das dem Einzelnen im Hinblick auf seine Menschenwürde und im Interesse seiner freien Entfaltung einen „elementaren Lebensraum", das Recht „in Ruhe gelassen zu werden" gewährleisten soll.

Sicherlich haben die Väter des Grundgesetzes dabei wohl nicht an den Schallschutz gedacht, aber es ist durchaus nicht abwegig, diese Grundsätze auch im Bereich des

Wohnens zu beachten oder zumindest anzustreben, damit die baulichen Trennflächen einer Wohnung nicht vom Schall der Nachbarn überwunden werden. Schließlich verbringt der Durchschnittsbürger etwa die Hälfte seines Lebens in seinen vier Wänden und möchte dort ungestört leben.

Unter der „freien Entfaltung der Persönlichkeit" ist natürlich nicht das unbegrenzte Lärmen gemeint, gegen das selbst ein hoher Schallschutz nichts mehr ausrichten kann, aber gelegentliches fröhliches Feiern, Hausmusik oder die gewünschte Lautstärke beim Hören der Lieblings-CD ist in großen Wohnungen und mit Luftschallschutzwerten von $D_{nT,w} \geq 70$ dB möglich. Dieses Buch will Wege dorthin aufzeigen, zumal die Nachfrage nach Wohnungen mit hohem Schallschutz deutlich zunimmt und in diesen Fällen die Qualität einer solchen Wohnung für anspruchsvolle Wohnungssuchende meist vor der Höhe der Miete oder der des Kaufpreises rangiert. Das Problem ist nicht so sehr die bauliche Umsetzung eines hohen Qualitätsstandards, sondern diesen zu vermitteln, weil leider der Begriff „Schallschutz nach DIN" für viele Bauakustik-Laien immer noch zu Unrecht ein Exklusivität verheißendes Qualitätssiegel ist, was zum Teil auch noch für den „erhöhten Schallschutz" gilt. „Schallschutz nach DIN 4109" bedeutet lediglich die Einhaltung der bauordnungsrechtlich in allen Bundesländern eingeführten Mindestanforderungen, durch die ein Bewohner lediglich vor unzumutbarem Lärm geschützt werden soll. Diese Mindestwerte sind als unterste Schwellenwerte zu verstehen, die sich von einer guten Schalldämmung aber deutlich unterscheiden.

1.2 Schallschutzziel

In den Regelwerken zum Schallschutz und in anderen Beiträgen wird als Schallschutzziel für den Wohnungsbau die Pflege einer friedlichen Nachbarschaft und der Schutz vor unzumutbaren Belästigungen genannt. Bei den derzeit (2011) noch gültigen (Mindest-)Anforderungen der DIN 4109:1989 muss der Bewohner daher mit „zumutbaren Belästigungen" rechnen und kann auf eine friedliche Nachbarschaft nur hoffen, wenn seine Wohnung an die rücksichts- und verständnisvoller Nachbarn grenzt. Fest steht, dass mit den seit Jahrzehnten existierenden Mindestanforderungen der zurzeit immer noch anzuwendenden DIN 4109:1989 ein befriedigender Schallschutz zwischen zwei Wohnungen nur erwartet werden kann, wenn es sich um großvolumige und gut schalldämmend umschlossene Räume handelt. Bei üblichen Wohnungsgrößen und „DIN-gerechtem Schallschutz" bleibt der Wunsch nach „my home is my castle" häufig unerfüllbar, vor allem im Wohnungsbestand der meist kleinvolumigen Wohnungsbauten mit Hohlkörperdecken und Hohlblockwänden. Die vor etwa 100 Jahren für das „Großbürgertum" gebauten und heute wieder begehrten Wohnungen aus der Gründerzeit mit mindestens 25 cm dicken schweren Vollziegelwänden und Holzbalkendecken mit schwerer Auffüllung zwischen den Balken boten dagegen einen besseren Schallschutz, zum einen konstruktiv, aber oft auch wegen der größeren Volumina ihrer Wohnräume.

1.3 Die Normung des Schallschutzes im Wohnungsbau

Was sind Normen? Mit Sicherheit kein Papier, dessen Inhalt das Denken erübrigt, besonders nicht bei der Planung des Schallschutzes, dem Aufstellen von Schallschutz-Nachweisen und dem Verfassen von Sachverständigengutachten. In der lexikalischen Definition versteht man unter Normen verbindlich anerkannte Regeln, die im Bereich der Technik, der Wirtschaft, der Wissenschaft und der Verwaltung eine Vereinheitlichung von Benennungen, Definitionen, Beschaffenheiten, Kennzeichnungen usf. bezwecken. Normen sind private technische Regelungen und keine Rechtsnormen (*Locher-Weiß* [17]), auch wenn mancher Anwender sie ehrfurchtsvoll dafür hält. Ohne normative Festlegungen, z. B. von Abmessungen, Beschaffenheiten und Eigenschaften einer Vielzahl von Produkten, auch denen des Bauwesens, und ohne einheitliche Prüfverfahren gäbe es jedoch weder technische Fortschritte noch einen weltumspannenden Handel.

Die zurzeit noch anzuwendende alte zentrale Bauakustik-Norm DIN 4109:1989 enthält bauakustische Mindestanforderungen an die Schalldämmung raumtrennender Bauteile und jetzt in der neuen, zurzeit noch in der Bearbeitung befindlichen DIN 4109 an den Schallschutz zwischen Räumen. Sie wird im Teil 3, dem Bauteilkatalog, viele Tabellen mit als gesichert geltenden Dämmwerten (Rechenwerte) von Bauteilen enthalten, die Bausteine für die Planung des Schallschutzes sind, so auch für die des Wohnungsbaus. Eine gute Übersicht zur Gliederung und den Inhalten der im Werden begriffenen neuen DIN 4109 vermittelt der Beitrag von *Fischer* [7] im Bauphysik-Kalender 2009 [2].

Die Dämmwerte der im Wohnungsbau geeigneten Konstruktionen beziehen sich dabei auf drei Bereiche, nämlich

– den *Luftschallschutz*
  zwischen Wohnungen untereinander, zwischen Doppel- und Reihenhäusern sowie zu lauten Bereichen wie Treppen, baulich verbundenen Betrieben u. Ä. und einer lauten Umgebung;
– den *Trittschallschutz*
  zwischen Wohnungen, zu lauten Bereichen innerhalb des Hauses sowie wegen der auch horizontal möglichen Trittschallübertragung zwischen Reihen- und Doppelhäusern und
– den *Schallschutz*
  bei den Technischen Anlagen der Gebäudeausrüstung (TGA) in Wohnhäusern, (künftig) teilweise auch innerhalb von Wohnungen.

Das Deutsche Institut für Normung, kurz DIN, ist damit auch für diesen Sektor des Baugeschehens die federführende Stelle (Normenausschuss Bau, NABau) ebenso für die VDI-Richtlinien, (Normenausschuss Lärmminderung und Schwingungstechnik NALS) die sich mit bestimmten Bauelementen wie Türen, Fenstern, Doppelböden etc. und mit Berechnungsverfahren, wie z. B. für die Schallausbreitung im Freien, befassen. Die VDI-Richtlinien sind daher auch für andere Bereiche des Schallschutzes, also nicht nur für den Wohnungsbau, eine wertvolle Planungshilfe.

Die für das Wohnungsbauthema dieses Buches wichtigste VDI-Richtlinie ist die VDI 4100 „Schallschutz von Wohnungen, Kriterien für Planung und Beurteilung"

[8]*, die 2011 nach Überarbeitung erneut als Entwurf erscheint. Die wesentlichen Inhalte dieses Regelwerks sind analytisch hergeleitete Angaben zum „Schallschutz-Soll" dreier Qualitätsstufen des Luft- und Trittschallschutzes, deren unterste Stufe mit der Mindestanforderung der neuen DIN 4109* vergleichbar sein wird, die dort jedoch, ohne so genannt zu werden, nur im Sinne einer Mindestanforderung zu verstehen ist.

1.4 Anforderung und Mindestanforderung

Was ist eine Anforderung? Diese Frage lässt sich für alle drei vorgenannten Bereiche durch die einfache schematische Beziehung beantworten:

$$A = E - I + \sum \text{Einflussparameter (z. B. Trennfläche, Volumen, Nachhallzeit etc.)}$$

mit

A Anforderung
E Kenngröße für die zu berücksichtigende Emission
I Kenngröße für die Immission

Im Falle einer Mindestanforderung sollte beim Luftschallschutz für E eine den Bewohnern mindestens zuzubilligende Emission, z. B. das Sprechen mit angehobener Lautstärke und für eine gerade noch zumutbare Immission berücksichtigt werden, z. B. das Wahrnehmen, aber nicht mehr das Verstehen der „angehobenen Sprache" in der Nachbarwohnung. Dies wäre die Basis des mindestens zu erfüllenden Anforderungsniveaus der DIN 4109, wobei bisher die „Mindestanforderungen" mit dem alleinigen Ziel des Schutzes vor unzumutbaren Belästigungen festgelegt wurden. Hier kommt das öffentliche Baurecht mit dem Gebot der Gefahrenabwehr (in der Bauakustik des Gesundheitsschutzes) ins Spiel, welches mit diesen im ganzen Bundesgebiet bauordnungsrechtlich zwingend vorgeschriebenen Mindestanforderungen die unterste Grenze der einzuhaltenden Schalldämmung markiert.

Im Falle der Trittschall- und Anlagengeräuschdämmung tritt der Aspekt der Vertraulichkeit der Sprache gegenüber dem der Lärmbelästigung zurück, wenn gleich auch hier, vor allem beim Trittschallschutz, als Folge schlecht trittschalldämmender Decken unzumutbar laute Pegel auftreten können.

Die häufig zu lesende Begründung, die Schalldämm-/Schallschutzanforderungen der DIN 4109 dienten dem Schutz der Gesundheit, führt den Anwender dieser Norm auf eine abwegige Fährte: Der Gesundheitsschutz im Bereich der Lärmbekämpfung befasst sich vorwiegend mit hohen Schallpegeln über etwa 85 dB(A) an lauten Arbeitsplätzen, wie z. B. in der Industrie oder im Verkehrswesen, und mit der dadurch verursachten Lärmschwerhörigkeit und anderen Gesundheitsschäden. Aber auch in „mittellauten" Betrieben verschiedener Gewerbezweige, in großen

---
* Bei den mit (*) versehenen Hinweisen auf DIN-Normen oder VDI-Richtlinien wird empfohlen, sich im Internet unter www.nals.din.de zu orientieren, welche Ausgabe oder welcher veröffentlichte Entwurf aktuell ist.

Büros mit hoher Betriebsamkeit o. Ä. ist die Gesundheitsgefährdung durch Lärmbelastungen von ca. 50 bis 70 dB(A) ein gravierendes Problem. Hingegen liegen die aus Nachbarwohnungen übertragenen Pegel meist im Niedrigpegelbereich von ca. 20 bis 40 dB(A), die kaum organisch nachweisbare Gesundheitsschäden verursachen können. Dennoch sind im Wohnbereich gesundheitliche Beeinträchtigungen der Bewohner keine Seltenheit, z. B. durch das unmittelbare Einwirken von Flug-, Straßen-, Technik- oder Nachbarschaftslärm mit der Folge von Schlaf- oder Ruhestörungen, vor allem aber durch den verminderten oder stark gestörten Schutz der Privatheit und der Nachtruhe.

Wie aber sind diese Mindestanforderungen begründet, wie sind sie zustande gekommen? Nicht etwa durch eine Berechnung der Anforderungen aus E und I, was bei dem jetzt erreichten Erkenntnisstand eigentlich selbstverständlich, zumindest aber sinnvoll wäre, zumal die VDI 4100, die Fachliteratur und dieses Buch die Daten für derartige Berechnungen bereithalten. Stattdessen sind die Mindestanforderungen im Wesentlichen durch die Normierung der Dämmwerte von Wand- und Deckenkonstruktionen entstanden, die sich aus statischen Gründen als Decken und „Scheidewände" zwischen Wohnungen bewährt hatten. So wurde die Luft- und Trittschalldämmung der alten Holzbalkendecken mit schwerer Auffüllung und die Luftschalldämmung der beidseitig verputzten und nach dem damaligen „Reichsformat" 25 cm dicken Wand mit $m' \approx 450$ kg/m^2 entsprechend dem heute üblichen $R'_w = 54$ dB zum Schallschutzstandard zwischen benachbarten Wohnungen erhoben, nachdem man die Schalldämmung dieser Bauteile messen konnte, was allerdings mit den seinerzeit entwickelten Messverfahren nicht mit der heute gewohnten Genauigkeit möglich war. Aber immerhin konnten sich die damaligen Bewohner des „gehobenen" Wohnungsbaus – es gab ihn damals schon, allerdings ohne so bezeichnet zu werden – einer Schalldämmung zum Nachbarn erfreuen, die nicht schlechter, eher besser war als die jetzigen Mindestanforderungen. Und selbst bei kleineren Wohnungen wurde die Schalldämmung oft allein deswegen nicht beanstandet, weil es vor 100 Jahren noch keine schallleistungsstarken Audio- und TV-Anlagen gab und weil das, was gelegentlich vom Nachbarn zu hören war, häufig als Folge der schlecht schalldämmenden Fenster durch Außengeräusche verdeckt wurde.

Dieses so entstandene Schallschutzniveau genügte zweifellos den Ansprüchen der damaligen Zeit, sofern es diese überhaupt gab. Mit dem Aufkommen leichter Baumaterialien in den 1920er- und 1930er-Jahren, begünstigt durch deren bessere Wärmedämmung und durch die Vielzahl statisch vorteilhafter leichter Massivdecken, änderte sich schlagartig die bis dahin gar nicht so schlechte Schallschutzsituation, worauf auch die Normung reagieren musste, allerdings nur bis zu einem unteren Grenzwert der geforderten Luftschalldämmung von 52 dB. Erhöht wurden danach in der 1989er-Ausgabe der DIN 4109 für Neubauten lediglich die Trittschalldämmung um 10 dB, was bei den leichten Massivdecken auch dringend geboten war.

Tabelle 3.1 in Kapitel 3 enthält die chronologische Entwicklung der Anforderungen an die Luft- und Trittschalldämmung zwischen Wohnungen seit 1938, also seit Einführung von Anforderungen in Form bauakustischer Messgrößen. Man mag es kaum glauben: 1944, dem wohl schrecklichsten Kriegsjahr, in dem Wohnungen nicht gebaut sondern zerbombt wurden, erschien die erste DIN 4109 „Richtlinien für den Schallschutz im Hochbau" (s. auch Bild 3.1), die sich mit dem zu dieser Zeit wohl nicht so wichtigen Problem des Schallschutzes im Wohnungsbau befasste.

Nun beklagt sich aber nicht jeder Bewohner einer DIN-4109:1989-Mindestschallschutz-Wohnung über Geräuscheinwirkungen von nebenan, wofür es mehrere Gründe gibt: Der wichtigste ist sicher die Tatsache, dass bei gleicher, sogar auch mangelhafter Schalldämmung der Schallschutz umso besser ist, je größer die Raumvolumina, genauer das Verhältnis der Volumina zur Trennflächengröße, sind, wodurch sich der Schallschutz verbessert. Hierauf und auf den wichtigen Unterschied zwischen Schalldämmung und Schallschutz wird im Kapitel 4 näher eingegangen.

Natürlich gibt es auch tolerante oder auch weniger geräuschempfindliche Nachbarn, die selbst mit einem objektiv mangelhaften Schallschutz kein Problem haben, was aber nicht die Messlatte für die bautechnische Qualität des Schallschutzes bzw. der Schalldämmung sein kann. Jede Schutzbedürftigkeit, nicht nur die vor Störgeräuschen, muss die Bevölkerung in ihrer Gesamtheit berücksichtigen und kann sich nicht an den am wenigsten Betroffenen orientieren. Die Problematik mit dem unbefriedigenden Mindestschallschutz zeigte sich vor allem in den kleinvolumigen Wohnungen der 1920er- und 1930er-Jahre mit dem Aufkommen leichter Massivbauweisen, den Sozial- und Plattenbauwohnungen der Zeit nach 1945, gebaut in beiden Teilen Deutschlands, in geteilten und kriegsgeschädigten Altbauwohnungen, in ausgebauten Dachgeschossen und generell in den vielen mit Leichtbaustoffen errichteten Neubauten, deren Schalldämmung keinen bauakustischen Mindest-Qualitätsstandard erreichen konnte, was sich auch aus den Kapiteln 3 und 4 ergibt.

1.5 Hören, Wohngeräusche, Umgebungslärm und Grundgeräuschpegel

Von den sieben Sinnen des Menschen sind Hören und Sehen die beiden Fernsinne. Sie ergänzen sich auf wunderbare Weise, indem jeder der beiden Sinne den Wahrnehmungsbereich des jeweils anderen Sinnes erweitert. Wo das Auge die nächtliche Dunkelheit nicht mehr durchdringen kann, vermag das Ohr die Grenze des Sehens zu überwinden. So kann man in stockfinsterer Nacht das Bellen eines Hundes im mehrere Kilometer entfernten Nachbardorf hören, den Hund aber nicht sehen. Umgekehrt kann das Auge am Tage weit entfernte Schallquellen sehen, deren Geräusche uns aber nicht mehr erreichen. In einem Wohnhaus ist es anders, weil man in der Regel die störende Schallquelle trotz ihre relativen Nähe nicht sieht, dem Gestörten also eine spontane unmittelbare Einwirkung auf die Schallquelle verwehrt ist, es sei denn, er riskiert eine Konfrontation mit dem Störer und damit die friedliche Nachbarschaft.

Sofern man Statistiken, auch den amtlichen, Glauben schenken kann, gibt es gegenwärtig in Deutschland annähernd 39 Millionen Wohneinheiten bzw. Haushalte, in denen etwa 5 Millionen Menschen leben, die sich durch Lärm massiv gestört fühlen. Hierbei rangiert der Nachbarschaftslärm auf der Betroffenheitsskala nach dem Verkehrslärm an zweiter Stelle. Auch wenn man Statistiken mit der gebotenen

1.5 Hören, Wohngeräusche, Umgebungslärm und Grundgeräuschpegel

Skepsis begegnen muss, ist dieses Ergebnis alarmierend. Es wirft ein Schlaglicht auf die bauakustische Qualität deutscher Wohnhäuser, die nicht genügend vom Lärmschutzbedürfnis ihrer Bewohner als vielmehr von zu geringen Anforderungen, vertreten von einer überlieferten Interessenpolitik, bestimmt wird. Um so wichtiger ist die Verbreitung der Erkenntnis, dass man auch mit üblichen Baustoffen und Kosten bauakustisch gute Wohnungen bauen kann, deren Schallschutzstandard deutlich über dem liegt, was die 5 Millionen vom Lärm betroffenen Bewohner erdulden müssen. Man muss es nur richtig machen.

Anhang 5 enthält eine (bei weitem nicht vollständige) Zusammenstellung typischer Geräuschpegel, denen wir in unserem Wohnbereich ausgesetzt sind, sei es außen, innen oder von „nebenan". Hierbei spielt der sogenannte Grundgeräuschpegel L_{95} eine wichtige Rolle. Man versteht darunter meist das informationslose und unbewusst wahrgenommene Geräusch, dessen Pegel in 95 % der Beobachtungsdauer überschritten wird und dem man eine einzelne Schallquelle nicht und häufig nicht einmal deren Herkunftsrichtung zuordnen kann.

Der Grundgeräuschpegel, oder kurz der Grundpegel, ist also ein Schall, der die ruhigen Momente kennzeichnet und der uns mit Pegelwerten von z. T. deutlich unter 30 dB(A) und in bauakustisch guten Wohnungen auch unter 20 dB(A), nicht mehr stört. Im Gegenteil: er kann, wenn er nicht allzu leise ist, unerwünschte Geräusche zumindest teilweise „maskieren", also verdecken und wird daher auch Maskierungspegel genannt. Bild 1.1 zeigt nach unseren Messungen die Veränderung in den 1980er-Jahren gegenüber den 1960er-Jahren.

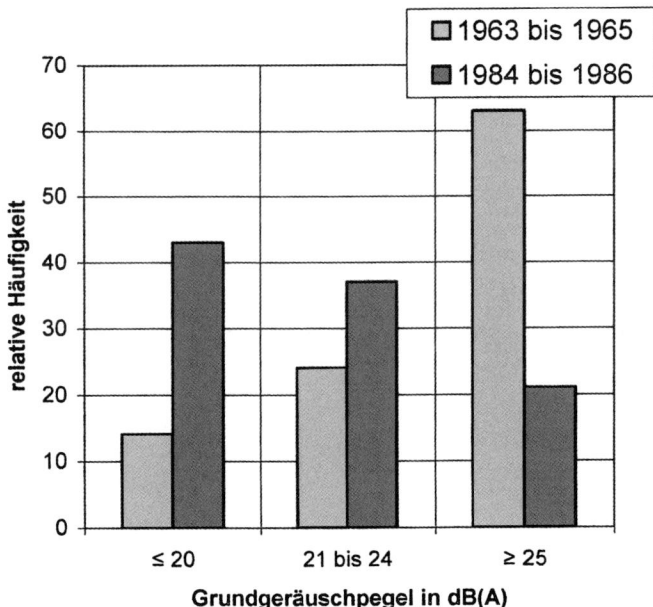

Bild 1.1 Grundgeräuschpegelabsenkung in Wohnungen durch besser schall- und wärmedämmende Fenster für zwei Bauabschnitte 1963–1965 und 1984–1986 im Vergleich

Nun ist bekanntlich nicht alles Gold, was glänzt. So kann ein niedriger Grundpegel auch nachteilig für den Schallschutz zwischen Wohnungen sein, wenn man nicht bereit ist, die Nachbargeräusche durch einen selbsterzeugten Maskierungspegel zu verdecken, wofür es mehrere probate Mittel gibt. Es müssen ja nicht immer, wie in dem Gedicht „Lärmschutz" von *Palmström*, brausende Wasserröhren sein, die er um sein Zimmer legt; der PC-Ventilator oder der leise eingestellte „Dudelfunk" tun's auch.

Viel gravierender wirken sich aber die besser schalldämmenden Fenster auf die Höhe des erforderlichen Schallschutzes aus, denn

Je ruhiger die Wohnung ist, desto besser muss der Schallschutz zu den Nachbarn sein!

Dies wurde leider, im Gegensatz zu diesem Buch und der VDI 4100, bei der jetzt schon viele Jahre dauernden Neubearbeitung der DIN 4109 nicht genügend berücksichtigt. Also setzt bei einer sachorientierten Schallschutzplanung die Frage nach dem innerbaulichen Schallschutz auch die Kenntnis des Außengeräusches voraus. Die in Immobilienanzeigen häufig zu lesende Anpreisung „in ruhiger Wohnlage" kann, was den innerbaulichen Schallschutz betrifft, für den neuen Bewohner auch eine böse Überraschung zur Folge haben.

Die Entscheidung, ob man in einer „verkehrsgünstigen Lage" oder in der Beschaulichkeit einer ruhigen Vorstadtlage wohnen möchte, hängt von vielen meist auch nichtakustischen Erwägungen ab. Es ist aber ratsam, dass der Wohnungssuchende die „Umgebungsakustik" als wichtiges Qualitätskriterium bei der Auswahl der eigenen Wohnung berücksichtigt. Dies kann im Zweifelsfall durch einen Bauakustiker geschehen, der messtechnisch mit einem Langzeitmonitoring über 24 Stunden (besser noch über mehrere Tage mit Wochenende) den maßgeblichen Geräuschpegel am künftigen Wohnort registrieren und begutachten kann, wobei die Schallpegelaufzeichnung mit einer synchronen Audioaufzeichnung zur Identifizierung lauter Pegelspitzen erfolgt, die z. B. durch Flug-, Bahn- oder Straßenverkehr, Martinshörner von Polizei und Feuerwehr, Sportereignissen, bellenden Hunden der künftigen Nachbarn etc. hervorgerufen werden. Bild 1.2 zeigt das typische Ergebnis eines 24-Stunden-Monitorings in einer ruhigen Wohngegend und Bild 1.3 einen kleinen 10-minütigen Ausschnitt hieraus, quasi eine Geräuschbetrachtung unter der Lupe.

Messungen dieser Art werden nicht nur im Rahmen des Immissionsschutzes, sondern immer häufiger auch auf Wohngrundstücken aus unterschiedlichen Gründen durchgeführt, z. B. um die „ruhige Stadtlage" zu dokumentieren oder auch um die Wahl des Wohnortes zu rechtfertigen. Die Außenlärmbeurteilung allein anhand der Festlegungen in den Bebauungsplänen bzw. den Immissionsrichtwerten nach TA Lärm [9] kann leicht zu Fehlschlüssen führen, weil es auch innerhalb ein- und desselben Gebietes (z. B. allgemeines Wohngebiet, Kerngebiet etc.) Wohngrundstücke mit sehr unterschiedlichen Außenlärmbelastungen gibt.

1.5 Hören, Wohngeräusche, Umgebungslärm und Grundgeräuschpegel

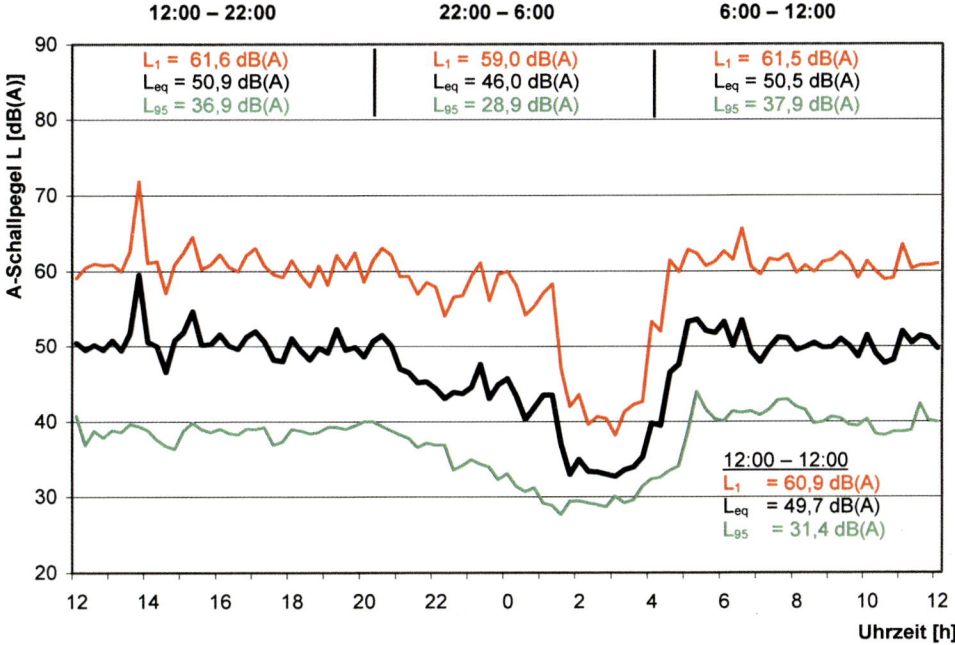

Bild 1.2 24-stündige kontinuierliche Pegelaufzeichnung (Monitoring) des Außengeräusches in einem ruhigen Vorort, jedoch mit Bahnstrecke und Straße in ca. 150 m

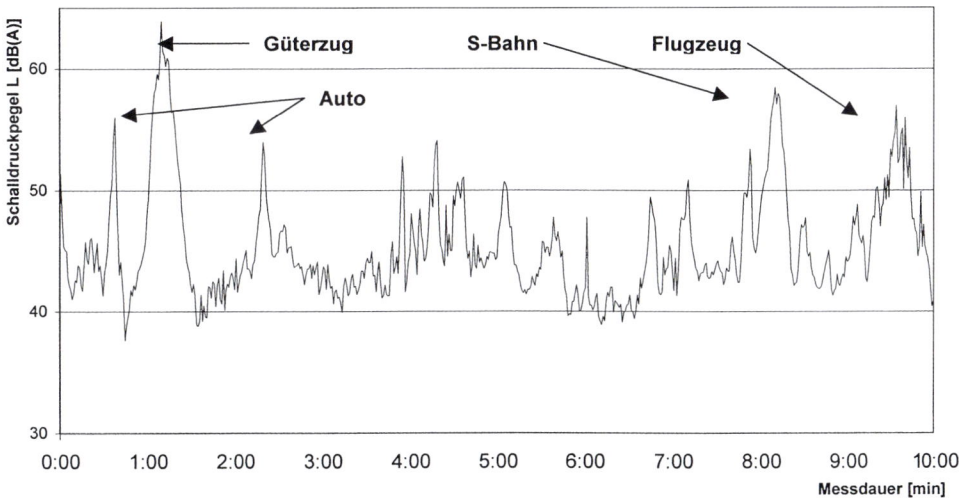

Bild 1.3 10-minütiger Ausschnitt aus dem Monitoring des Bildes 1.2, vormittags

1.6 Lärm und Stille

Die Welt, in der wir leben, ist ohne Geräusche nicht denkbar und glücklicherweise handelt es sich längst nicht immer um Lärm, sondern um Schalle, die wir zur Orientierung, zur Kommunikation, zur Gefahrenabwehr, zur Kontrolle und für eine Vielzahl anderer alltäglicher Funktionen brauchen. Allgemein üblich ist die Kennzeichnung der Stärke der von uns gehörten Schalle mit einer Lautstärke/Schallpegelskala, z. B. der in Bild 1.4.

Lärm hat aber nur bedingt etwas mit der Lautstärke bzw. dem Schallpegel zu tun. Für den Konzertbesucher kann ein 100-dB-Orchesterfortissimo ein wunderbares Erlebnis, aber das 25-dB-Knistern der Bonbontüte seines Nachbarn während eines Pianissimos ein unerträglicher Lärm sein. Die wohl überzeugendste Definition des Begriffes Lärm dürfte die folgende sein:

Lärm ist jede Art von Schall, der die Stille oder eine gewollte Schallaufnahme stört.

Natürlich gibt es, vorwiegend aus Gründen des Gesundheitsschutzes, Grenzwerte für zulässige Schallpegel, so z. B. beim Immissionsschutz in den unterschiedlich genutzten Baugebieten, in der Umgebung lauter Flughäfen, in der Industrie, für Baumaschinen, Rasenmäher etc. Im Bereich des Wohnungsbauschallschutzes ist der Begriff Lärm im Sinne obiger Definition vorwiegend im Pegelbereich unter 40 dB(A) und z. T. auch weit darunter von Bedeutung, s. auch Anhang 5. Für die Stärke der individuell stark variierenden Lärmempfindung kann man zwei Gruppen von Komponenten unterscheiden. Hier die wichtigsten:

Objektive Komponenten

sind jene, die man messen kann, also

- Schallpegel,
- Frequenzspektrum,
- Tonhaltigkeit,
- Impulshaltigkeit,
- Zeitverlauf,
- Differenz zum Grundgeräuschpegel,
- Hörfähigkeit des Betroffenen.

Subjektive Komponenten

sind personenbezogene Eigenschaften, also

- die Einstellung des Gestörten zur Lärmquelle,
- Toleranz,
- Gewöhnung, besonders an periodisch wiederkehrende Geräusche,
- die Einsicht in die Hinnehmbarkeit unvermeidbarer Geräusche,
- die Fähigkeit Fremdgeräusche zu ignorieren, also trotzdem schlafen oder sich konzentrieren zu können,
- die Höhe des Miet- oder Kaufpreises der eigenen Wohnung und damit die Erwartungshaltung.

Bauphysik

4
31. Jahrgang
August 2009
ISSN 0171-5445
A 1879

Wärme | Feuchte | Schall | Brand | Licht | Energie

Probeheft anfordern

- Dauerhaftigkeit von WDVS mit Holzfaserdämmplatten
- Wärmedämmende Schalung zur Energieeinsparung
- Schallfeldsimulation mit Spiegelquellen
- CFD-Methoden im Brandschutz
- Projektbeispiel: Innendämmung im Bestand
- Luftschallschutz zwischen Räumen
- Sorptionsverhalten von Holzwerkstoffen
- Wärmeschutztag 2009 des FIW München
- Entwicklungsgeschichte des zweischaligen Mauerwerks

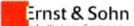

Bauphysik

Wärme | Feuchte | Schall | Brand | Licht | Energie | Klima

32. Jahrgang 2010. Erscheint zweimonatlich.
Chefredakteurin: Dipl.-Ing. Claudia Ozimek

Bauphysik ist die Zeitschrift für Wärme-, Feuchte-, Schall- und Brandschutz in der Ingenieurpraxis des Bauwesens.

Themenüberblick:
- Wärme- und Feuchteschutz
- Energieeinsparung in Gebäuden
- Stadtbauphysik
- Schallschutz, Raumakustik
- Brandschutz
- Tageslichtplanung
- innovative Lösungen für Berechnung, Konstruktion sowie Ausführung
- Buchbesprechungen, Seminare, Messen, Tagungen und Persönlichkeiten
- Produktinnovationen aus der Bauwirtschaft

Abstracting Services: Bauphysik ist ab Jahrgang 2007 beim „Institute for Scientific Information" (ISI) von Thomson Scientific als peer-reviewed journal akkreditiert.

Bauphysik-Fachartikel können in der Ernst & Sohn Artikeldatenbank recherchiert und als PDF sofort abgerufen werden:
www.ernst-und-sohn.de/artikeldatenbank

**Probeheft anfordern unter:
www.ernst-und-sohn.de/probeheft**

www.ernst-und-sohn.de

Ernst & Sohn Verlag für Architektur und technische Wissenschaften GmbH & Co. KG
Rotherstraße 21, D-10245 Berlin

Tel. +49 (0)30 47031-200
Fax +49 (0)30 47031-270
info@ernst-und-sohn.de

1.6 Lärm und Stille

Bild 1.4 Schallpegelskala

Bild 1.5 Lärm ist immer das, was der andere macht (Quelle unbekannt)

Schließlich wäre noch die Einstellung des Lärmerzeugers zu dem von ihm selbst verursachten Lärm zu erwähnen. Dieser kann sogar als Beweis der eigenen Aktivität leistungssteigernd sein, wobei der Lärmverursacher den Gedanken, dass er seine Mitmenschen stören könnte, manchmal weit von sich weist (s. Bild 1.5).

Ähnlich wie der Lärm wird auch die Stille nicht durch irgendwelche Schallpegel definiert. Wer bewusst das Plätschern eines Gebirgsbaches oder das leise Rauschen des Windes in den Baumwipfeln und in diesen Momenten nichts anderes gehört hat, der weiß was Stille ist, genauso wie der einsame Besucher einer vom Verkehrslärm umtosten Kirche. Stille ist mehr als Ruhe. Sie bedeutet nicht nur das Fehlen von Lärm, sondern beschreibt einen Zustand, der es dem Menschen ermöglicht, „mit sich selbst allein zu sein". *Kurt Tucholsky* hat es so beschrieben:

„Es gibt vielerlei Lärm, aber nur eine Stille"

und *Arthur Schopenhauer* meinte sogar:

„Der Lärm ist die impertinenteste aller Unterbrechungen, da er sogar unsere Gedanken unterbricht, ja zerbricht. Wo jedoch nichts zu unterbrechen ist, da wird er freilich nicht sonderlich empfunden werden.

■ **Bauphysik** ist die einzige deutsche Fachpublikation zu dieser Thematik. Seit mehr als 30 Jahren ist die Zeitschrift Spiegel der Forschung in Wissenschaft und Industrie, der Normung und ingenieurpraktischen Tätigkeit. Sie ist nicht nur für Bauphysiker ein Arbeitsmittel und Nachschlagewerk, sondern für alle am Bau Beteiligten, z. B. Beratende Ingenieure, Architekten und Fachplaner.

HRSG. ERNST & SOHN

Bauphysik
Wärme Feuchte Schall
Brand Licht Energie

33. Jahrgang 2011.
Erscheint zweimonatlich.
Chefredakteurin:
Dipl.-Ing. Claudia Ozimek

Jahresabonnement
print
ISSN 0171-5445
289,– €*

Jahresabonnement
print + online
ISSN 1437-0980
333,– €*

Impact-Faktor 2009: 0,200

Probeheft bestellen: www.ernst-und-sohn.de/Bauphysik

Ernst & Sohn
Verlag für Architektur und technische
Wissenschaften GmbH & Co. KG

Kundenservice: Wiley-VCH
Boschstraße 12
D-69469 Weinheim

Tel. +49 (0)6201 606-400
Fax +49 (0)6201 606-184
service@wiley-vch.de

www.ernst-und-sohn.de/Zeitschriften

*Preise gültig bis 31. August 2011. Exkl. MwSt., inkl. Versand. Irrtum und Änderungen vorbehalten. 0156210016_dp

2 Grundsätzliches zur Schalldämmung von Bauteilen

Die beiden wichtigsten bauakustischen Begriffe zur Beschreibung der Dämmfähigkeit von Bauteilen, die im Wohnungsbau und in anderen Bauten mit raumumschließenden Flächen von zu schützenden Aufenthaltsräumen verwendet werden, sind *Luftschalldämmung* und *Trittschalldämmung*. Es handelt sich hierbei um bauteilspezifische Eigenschaften von Trennflächen, also von Decken, Fußböden, Wänden, Türen und Fenstern. Sie sind die wichtigsten Größen bei der Planung des Schallschutzes zwischen untereinander zu schützenden Räumen bzw. gegenüber dem Freien, wobei der tatsächliche Schallschutz jedoch auch noch von den Raumvolumina und anderen Einflüssen abhängt, was im Kapitel 4 näher erläutert wird. Darüber hinaus ist natürlich auch die Geräuschdämmung haustechnischer Anlagen (z. T. auch von solchen in derselben Wohnung) und von baulich mit dem Wohnhaus verbundenen Gewerbebetrieben für die schalltechnische Qualität einer Wohnung außerordentlich wichtig.

2.1 Luftschalldämmung

Die Luftschalldämmung eines Bauteils wird gekennzeichnet durch das Schalldämm-Maß R (s. Anhang 9), welches frequenzabhängig ist und i. Allg. mit der Frequenz steigt. Man unterscheidet folgende Konstruktionen:

– *Einschalige Bauteile*
  sind homogene Bauteile aus einem oder mehreren fest miteinander verbundenen nicht federnden Baustoffen, z. B. Wände aus Beton oder gemauerten Steinen, Füllsteinmauerwerk, hohlraumfrei mit Beton, ggf. auch mit leichteren Materialien, ausgefüllt, ohne oder mit „Nassputz"; großformatige Wandtafeln aus diesen Materialien oder aus Gips, Leicht- und Porenbeton; Vollbetondecken mit Verbundestrich oder Estrich auf Trennlage (aber nur ohne Hohlräume zwischen Trennlage und Rohdecke!), mit oder ohne Deckenauflage.
  Die Luftschalldämmung hängt von der flächenbezogenen Masse m' und bei Wandbauplatten, dünnen leichten Platten aus Gipskarton, Holzwerkstoffen, Glas, Blech u. Ä. auch von der Biegesteifigkeit (s. Anhang 10) ab.
– *Mehrschalige Bauteile*
  bestehen aus zwei oder mehr separaten und voneinander weitgehend entkoppelten Schalen, z. B. Massivwände mit Vorsatzschalen, Metall- oder Holz-Stän-

derwände mit Beplankungen aus Gipskarton-, Holz- oder Blechplatten sowie Decken mit schwimmenden Estrichen und/oder mit Unterdecke.
- *Mehrschichtige Bauteile*
sind bauakustisch meist ungünstige Konstruktionen aus mindestens drei fest miteinander verbundenen Baustoffschichten, bei denen durch Resonanz (s. Anhang 11) zweier Baustoffschichten, die über eine „steiffedernde" Dämmschicht miteinander gekoppelt sind, eine deutliche Verschlechterung der Schalldämmung innerhalb des Resonanz-Frequenzbereiches eintritt.
Beispiel: Wärmedämmverbundsysteme mit zu steifen Wärmedämmplatten und Putz; „verlorene Schalung" aus anbetonierten und verputzten steifen Dämmplatten (z. B. Holzwolle-Leichtbauplatten, Schaumkunststoffplatten), sogenannter „Trockenputz" aus mit Gipsbatzen angesetzten Gipskartonplatten (dünne Luftschicht statt mehrere cm dicke „weichfedernde" Dämmschicht); Laminatböden auf dünner Dämmschicht etc.

2.1.1 Wege der Luftschallübertragung

Fast immer gelangt der Luftschall von einem Raum in den anderen, nicht nur **d**irekt durch das trennende Bauteil (**D**, **d**), sondern auch auf dem Weg der **F**lankenschallübertragung (**F**, **f**), was Bild 2.1 veranschaulicht. Wie sonst wäre es wohl möglich, den Lärm der Kneipe unten im Haus auch in den oberen Stockwerken zu hören.

Bild 2.1 gilt sowohl für die horizontale Luftschallübertragung, also für Wände, als auch für Decken. Man braucht es sich nur um 90 Grad nach rechts gedreht vorzustellen.

Der Einfluss des Flankenschalls kann also beträchtlich und häufig maßgebend für den Schallschutz von Raum zu Raum sein. Bei aneinandergrenzenden Räumen dominiert meistens der Weg D und bei den vielen nicht aneinandergrenzenden Raumpaaren der Weg Ff. Daher ist das „Geheimnis" eines hohen Schallschutzes im

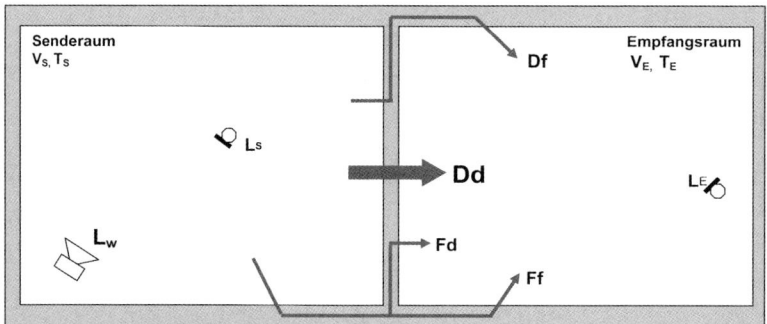

Bild 2.1 Wege der Luftschallübertragung
D Trennbauteil direkt angeregt
d vom Trennbauteil abgestrahlt
F Flankenbauteil angeregt
f vom Flankenbauteil abgestrahlt

2.1 Luftschalldämmung

Wohnungsbau nichts anderes als eine Bauweise, bei der die Flankenschallübertragung weitgehend oder gar vollständig unterbunden ist. Der Flankenschall ist auch ein wesentlicher Grund dafür, dass sich Hersteller bestimmter leichter, aber biegesteifer Baustoffe, die zu einer verstärkten Flankenschallübertragung auf dem Weg Df neigen, gegen eine Erhöhung der Anforderungen an die Schalldämmung zwischen Wohnungen wenden.

In DIN 4109:1989 wurde der Einfluss der Flankenübertragung dadurch berücksichtigt, dass die Luftschalldämmung von Decken und Wänden, mit dem Einfluss der Flankenübertragung über im Mittel ca. 300 kg/m² schwere Bauteile angegeben wurde. Der Einfluss anderer Flankensituationen wurde mit tabellarisch aufgeführten Korrekturwerten berücksichtigt. Es waren/sind dies die *Rechenwerte* des *bewerteten Bau-Schalldämm-Maßes* R'_w. Sinnvollerweise ist diese „deutsche Spezialität" durch den Einfluss der europäischen Normung beseitigt worden, sodass jetzt in der neuen DIN 4109 die alleinige Schalldämmung des trennenden Bauteils, also der Rechenwert $R_{w,R}$ des trennenden Bauteils ohne Flankeneinfluss aus einem Bauteilkatalog entnommen und der Einfluss der Flankenwege und der Stoßstellen rechnerisch hinzugefügt wird. Das Ergebnis ist dann auch wieder ein bewertetes Bau-Schalldämm-Maß R'_w, jedoch individuell für die jeweilige Direkt- und Flankenübertragung nach [8] berechnet. Hierauf näher einzugehen, würde die Absicht und auch den Rahmen dieses Buches sprengen, sodass z. B. auf die ausführliche Darstellung von *Fischer* im Bauphysik-Kalender 2009 [7] verwiesen wird. Schon jetzt ist aber zu befürchten, dass die zukünftigen Rechen- und Nachweisverfahren erheblich höhere Ansprüche an das bauakustische Fachwissen der „Nachweisberechtigten" und der Mitarbeiter in den Genehmigungsbehörden stellt, wodurch die Gefahr von Fehlplanungen oder von unterlassenen Bauakustik-Fachplanungen wächst. Diese wird also in Zukunft nicht nur einen vertieften bauakustischen Wissensstand, sondern ebenso auch einen deutlich höheren Zeitaufwand verlangen, eine Arbeit, die ohne intelligente, produktunabhängige Rechnerprogramme und ohne entsprechende Honorierung der deutlich höheren Planungszeit kaum möglich sein wird.

2.1.2 Das Massegesetz

Im Gegensatz zu vielen Bereichen des täglichen Lebens gilt in der Bauakustik der Satz „Masse ist Klasse". Bild 2.2 zeigt die Abhängigkeit der Luftschalldämmung R'_w von der flächenbezogenen Masse m'. Es verdeutlicht, dass mit schweren (dicken) Wänden und Decken Schalldämm-Maße >55 dB erreicht werden können und zwar mit der in üblichen Bauten vorhandenen Flankenübertragung. Ohne diesen Einfluss flankierender Bauteile sind auch Werte um 70 dB keine Seltenheit, siehe auch Abschnitt 5.1 und Gl. (11).

Gegenüber dem theoretischen Massegesetz nach Kurve c, das nur für schwere und biegeweiche Materialien geringer Dicke gilt (z. B. Bleifolien), ist bei üblichen Materialien wie Beton, Mauerwerk etc. und aus Holz bestehenden Werkstoffen die Dämmung ab etwa 5 bis 10 kg/m² schweren Materialien deutlich geringer als theoretisch zu erwarten wäre. Die Ursache ist der im folgenden Abschnitt erläuterte Koinzidenzeffekt.

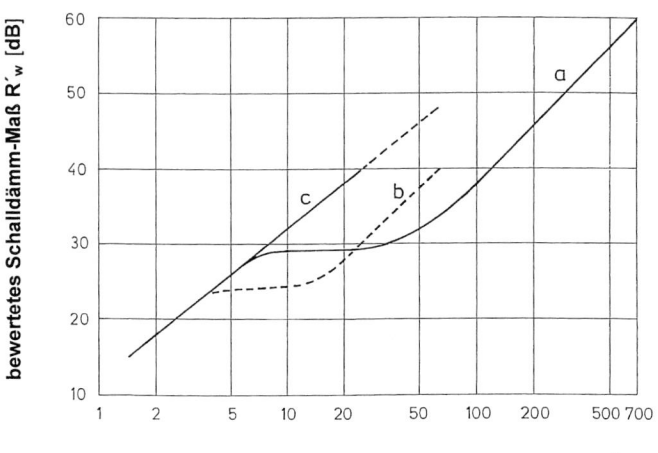

Bild 2.2 Abhängigkeit des bewerteten Bau-Schalldämm-Maßes R'_w von der flächenbezogenen Masse m' bei üblicher Flankenübertragung für a) Mauerwerk, Beton und ähnliche Baustoffe (diese Dämmwerte enthalten bereits den Einfluss „bauüblicher Nebenwege"), b) Holzwerkstoffe, c) schwere, biegeweiche Platten (theoretisch)

2.1.3 Biegeweich – biegesteif

Wände und Platten aus üblichen Baustoffen führen, wenn sie durch Luftschall angeregt werden, Biegeschwingungen aus (s. Anhang 10). Dabei spielt der Koinzidenz- oder Spuranpassungseffekt eine wichtige Rolle, er ist die Ursache für den „eingeknickten" Verlauf der Kurven a und b in Bild 2.2. Anhang 10 und darin Bild A 10.2 zeigen, welche Materialien in Abhängigkeit von ihrer Dicke biegeweich und welche biegesteif sind, genauer, bei welchen Baustoffen das Verhältnis von Masse zu Biegesteifigkeit klein oder groß ist.

Um den ungünstigen Frequenzbereich mit der Dämmverschlechterung durch den Spuranpassungseffekt zu vermeiden, sollten dicke Bauteile so biegesteif und dünne plattenförmige so biegeweich wie möglich sein. So verdeutlicht das Bild A 10.2, dass bei gleicher Dicke Schwerbeton günstiger als Mauerwerk und dieses wiederum günstiger als Leichtbeton ist. Umgekehrt sieht es bei den plattenförmigen Bauteilen aus: Die Koinzidenzfrequenz einer 3 mm dicken Glasscheibe oder Stahlplatte beträgt ca. 4000 Hz und die einer gleich dicken Bleiplatte 20.000 Hz. Blei ist extrem schwer und biegeweich und daher hoch schalldämmend, was man auch schon vor 500 Jahren in Venedig zur Zeit Casanovas zu schätzen wusste. Ähnlich gute Dämmungen lassen sich auch mit blei- oder schwerspatbeschwerten Gummimatten erzielen.

Eine wichtige Rolle spielen in dieser Hinsicht Gipskartonplatten, weil ihre Grenzfrequenz zwar noch im bauakustischen Frequenzbereich, aber mit ca. 2.000 Hz so nahe am „oberen Ende" liegt, dass dies im Gegensatz zu biegesteifen ca. 50 bis 80 mm dicken Wandbauplatten aus Leichtbeton, Porenbeton und ähnlichen Materialien keine Rolle mehr spielt. Deshalb können Gipskartonplatten bei schalldämmenden Konstruktionen immer in Verbindung mit einer weiteren Gipskartonschale

2.1 Luftschalldämmung

oder als Vorsatzschale vor einer Massivschale verwendet werden, wodurch die Dämmung im oberen Frequenzbereich gut und meist höher als erforderlich ist. Die genügend hohe Grenzfrequenz von Gipskartonplatten dürfte wesentlich zur rasanten Verbreitung der „Trockenbauweise" beigetragen haben, wodurch die bei biegesteifen Leichtwänden gravierenden Dämmverminderungen im wichtigen mittleren Frequenzbereich vermieden werden. Allerdings setzen sich im Wohnungsbau, im Gegensatz z. B. zu Hotel- und Bürobauten, Zimmertrennwände in Trockenbauweise erst allmählich durch, ebenso wie die Erkenntnis, dass hierdurch die Flankenübertragung vermindert und daher der Schallschutz zwischen benachbarten Wohnungen deutlich verbessert werden kann.

2.1.4 Bewertung der Luftschalldämmung; Bezugskurve

In Anhang 9 sind die Begriffe Schalldämm-Maß R, bewertetes Schalldämm-Maß R_w und Bezugskurve erklärt. Die Kennzeichnung der Luftschalldämmung eines Trennbauteils durch den Einzahlwert R_w ergibt sich also durch den Vergleich der Schalldämmkurve $R(f)$ mit der Bezugskurve, wobei gute Werte in bestimmten Frequenzbereichen nicht durch schlechte Werte in anderen Bereichen kompensiert werden können. Dies ist deutlich am Bild 2.3 zu sehen: Die R-Werte bei tiefen Frequenzen

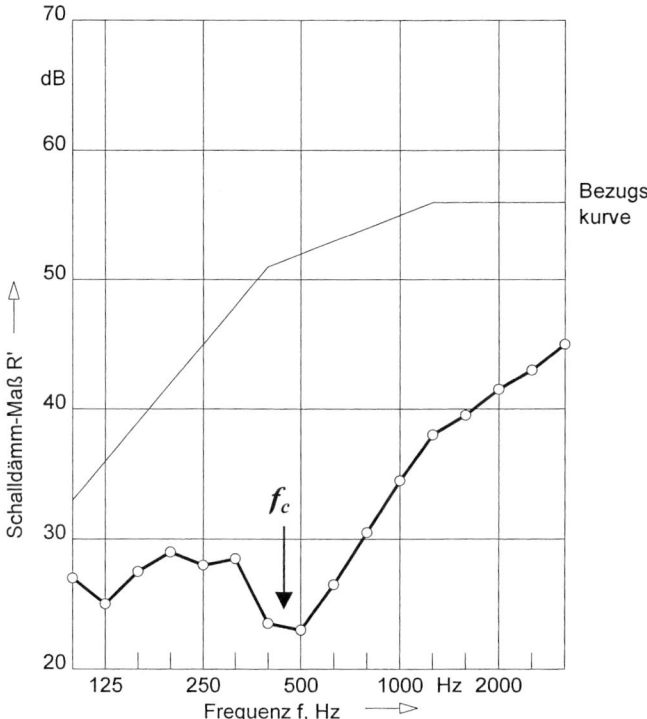

Bild 2.3 Schalldämmung einer im Bau gemessenen Wand aus 80 mm Gipsdielen, ohne Randstreifen zur Entkopplung von den flankierenden Bauteilen; Koinzidenzfrequenz $f_c \approx 420$ Hz, $R'_w = 33$ (−1, −3) dB

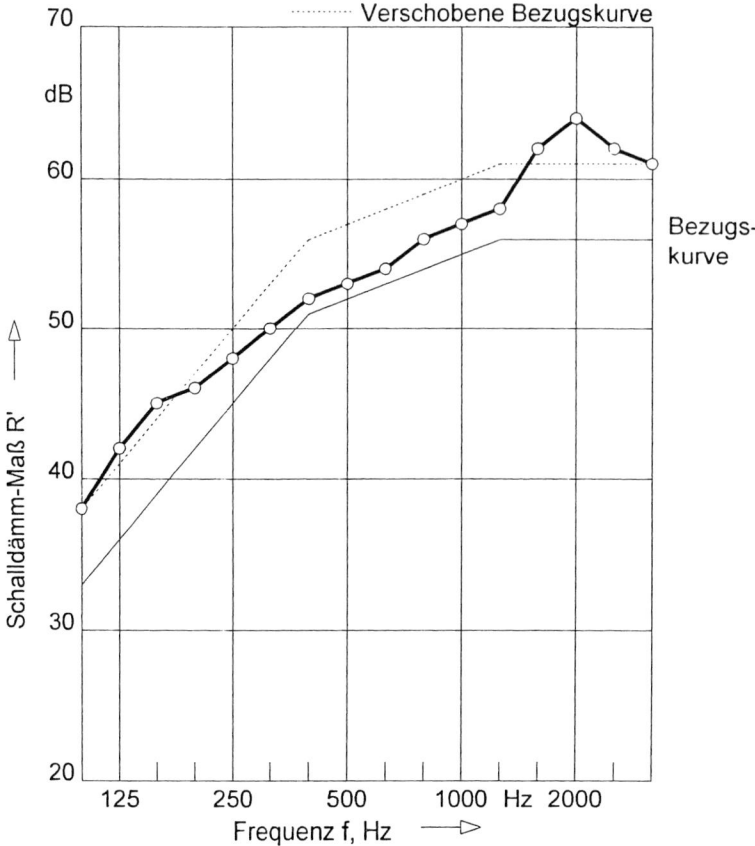

Bild 2.4 Schalldämmung einer 24 cm dicken ca. 600 kg/m² schweren verputzten Stahlbetonwand (Baumessung mit Flankenübertragung), Koinzidenzfrequenz $f_c \approx 90$ Hz, $R'_w = 57$ (−1, −5) dB

bis 250 Hz und die oberhalb 1250 Hz könnten sich der Bezugskurve „anschmiegen", also besser sein, ohne dass sich am Ergebnis von $R'_w = 33$ dB etwas ändern würde.

Der Schall wird eben durch das „Loch" bei 500 Hz übertragen, da kann die Schalldämmung in den anderen Frequenzbereichen noch so gut sein. Früher war das anders, da gab es arithmetisch gemittelte „Schalldämmzahlen" D, bei denen schlechte Dämmwerte durch gute kompensiert, die Löcher in den Dämmkurven also „eingeebnet" wurden. Dies änderte sich erst 1952 durch Einführung der „Sollkurven", den Vorläufern der jetzigen Bezugskurven. Näheres zur Historie siehe Abschnitt 3.1, Tabelle 3.1.

Die Bewertung der Luftschalldämmung anhand der Bezugskurve hat den Nachteil, dass man nicht aus dem A-Schallpegel im Senderaum nach einer einfachen Beziehung, wie

$$L_{A,\text{Empfangsraum}} = L_{A,\text{Senderaum}} - R'_w$$

hinreichend genau auf die Höhe des Empfangsraumpegels schließen kann, weil der $R(f)$-Verlauf der Dämmung und das Spektrum des zu dämmenden Geräusches dies häufig nicht genau genug ermöglichen. Daher wurden *Spektrum-Anpassungswerte* eingeführt, die für übliche Anwendungsfälle hinreichend genaue Abschätzungen gestatten, was im Anhang 13 näher erläutert wird.

2.2 Trittschalldämmung

Trittschallgeräusche von barfuß laufenden Schwergewichtlern, von Stöckel- und Absatzschuhen auf ungedämmt verlegten Hart- oder Holzfußböden, von mit Bauklötzen spielenden und fröhlich umherhüpfenden Kindern haben schon immer die Phantasie beflügelt, wenn es galt, Mittel oder Methoden zu entwickeln, sich dagegen zur Wehr zu setzen, was die Karikatur in Bild 2.5 aus einer alten, vor langer Zeit in England erschienenen juristischen Zeitschrift als eine Möglichkeit empfahl. Heute stehen uns glücklicherweise gute bautechnische Mittel der Trittschalldämmung zur Verfügung, von denen die wirksamsten auch in diesem Buch besprochen werden.

Luft- und Trittschalldämmung sind die beiden Hauptthemen der Bauakustik, die sich allerdings in einem wichtigen Punkt voneinander unterscheiden: Eine mangelhafte Luftschalldämmung kann aufgrund der Informationshaltigkeit die Privat- und Intimsphäre des Bewohners erheblich beeinträchtigen, eine schlechte Trittschalldämmung reduziert sich hingegen meist, aber nicht immer, auf das Problem des Lärmschutzes, worunter besonders die Bewohner von Neubauten der 1950er- und 1960er-Jahre gelitten haben. Allerdings kann die Privat- und Intimsphäre auch durch eine schlechte Trittschalldämmung beeinträchtigt werden und zwar dann, wenn der gestörte Hausbewohner hören kann, wer da geht und wohin.

Bild 2.5 „Trittschallvergeltungsmaschine"
[Quelle: judge]

Die Trittschalldämmung einer Decke wird durch den *Norm-Trittschallpegel* L_n gekennzeichnet, der im Anhang 12 definiert und näher erklärt wird. Er wird genauso wie das Schalldämm-Maß R frequenzabhängig in 16 Terzen von 100 bis 3150 Hz gemessen. Etwas „gröber" ist die nach DIN EN ISO 717-2 [33] bei Messungen am Bau auch noch zulässige Messmethode in Oktaven von 125 bis 2000 Hz zu messen, allerdings ist bei der weitgehend digitalisierten Mess- und Auswerttechnik das Messen in Terzen kaum aufwendiger als das in Oktaven, sodass – im Gegensatz zu den Urzeiten der Bauakustik und im Interesse einer genaueren Beurteilungsmöglichkeit – heute fast nur noch in Terzbändern gemessen wird. Aus den 16 L_n-Werten einer Trittschalldämm-Messung wird zur einfacheren Kennzeichnung auch hier aus der Messkurve ein Einzahlwert ermittelt, der *bewertete Norm-Trittschallpegel* $L'_{n,w}$ (s. Anhang 12).

2.2.1 Wege der Trittschallübertragung – Trittschall und Gehschall

Bekanntlich kann man in bauakustisch weniger guten Häusern die Trittschallgeräusche nicht nur im Raum unter der jeweils begangenen Decke hören, sondern auch die aus entfernter liegenden Räumen, Wohnungen oder Treppen desselben Hauses, was Bild 2.6 veranschaulicht.

Die Anforderungen an die Trittschalldämmung gelten daher auch für *alle Ausbreitungsrichtungen,* von einer Wohnung in eine andere, unabhängig von ihrer Raumaufteilung. Wollte man jedoch auch innerhalb einer Wohnung Anforderungen stellen (was vernünftigerweise nur als Empfehlung gelten kann), also weitgehend das Hören des Gehens, den *Gehschall,* aus den benachbarten Räumen vermeiden, müssten in der Wohnung nicht nur Böden mit guter Trittschalldämmung, sondern auch mit geringer Gehgeräuschentwicklung vorgesehen werden, was zwei völlig verschiedene Eigenschaften sind (s. Bild 2.7).

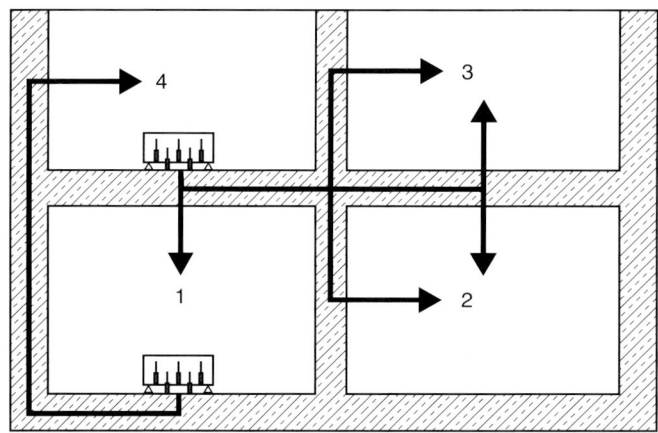

Bild 2.6 Trittschall-Übertragungsrichtungen
1: lotrecht, 2: diagonal, 3: horizontal, 4: von unten nach oben

2.2 Trittschalldämmung

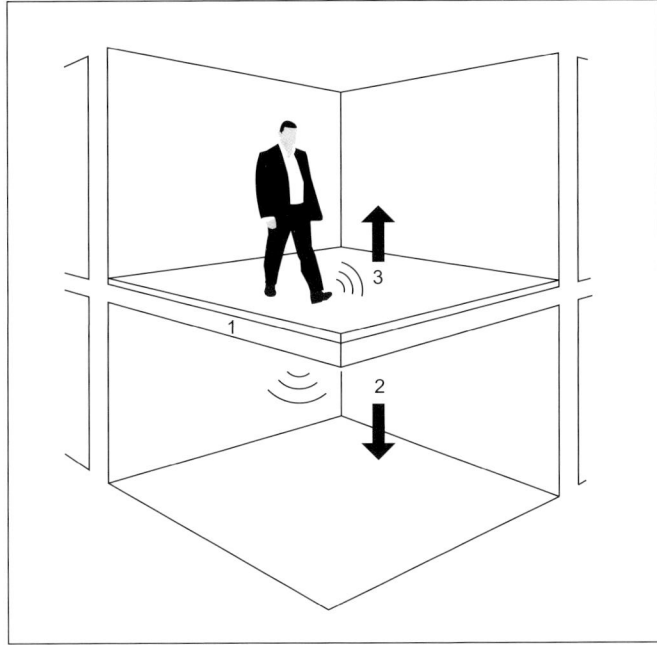

Bild 2.7 Unterschied zwischen Trittschall und Gehschall

1 Decke mit schwimmenden Bodenaufbau
2 Trittschall
3 Gehschall

So bewirkt ein guter Teppich auf Verbundestrich beides, nämlich eine hohe Trittschalldämmung und kaum Gehschall. Anders ein schwimmender Estrich oder schwimmender Holzfußboden: Er dämmt den Trittschall und auch den Luftschall zu anderen Räumen, verstärkt aber durch Abstrahlung in denselben Raum dort den Gehschall. Das Nebeneinander dieser beiden Begriffe ist nicht allzu glücklich und führt oft zur Verwechslung. Besonders stark wird in diesem Fall die Trittschallübertragung horizontal in das Nachbarzimmer derselben Wohnung, wenn die Trennwand leicht ist und auf dem schwimmenden Boden steht.

2.2.2 Konstruktive Voraussetzungen für eine gute Trittschalldämmung

Ähnlich wie bei der Luftschalldämmung gilt auch für gut trittschalldämmende Bauweisen der Grundsatz *Masse ist Klasse*. Bei Stahlbetondecken sind dicke (also schwere) Plattendecken schalltechnisch dadurch besonders vorteilhaft, weil sie wegen ihrer hohen flächenbezogenen Masse eine gute Trittschalldämmung im unteren Frequenzbereich und überdies eine hohe Flankendämmung aufweisen. Verbundestriche mit gut trittschalldämmenden Fußböden (z. B. Teppichen) auf dicken Stahlbetondecken sind daher hinsichtlich ihrer bauakustischen Qualität kaum zu überbieten. Hingegen sind leichte Massivdecken nur mit wirksamen schwimmenden Estrichen und/oder entkoppelten und nicht zu leichten hohlraumbedämpften Unterdecken bis zum mittleren bauakustischen Qualitätsstandard zu verbessern, sofern die Flankenübertragung über die Massivwände des Empfangsraumes dies zulässt, also genügend gering ist.

Bei leichten Rohdecken und tiefer Resonanzfrequenz des schwimmenden Estrichs weisen derartige Decken jedoch eine schlechte Tritt- und Luftschalldämmung im unteren Frequenzbereich auf und sind daher wenig empfehlenswert.

Tabelle 2.1 Schalltechnische Eigenschaften von Fußböden (Beispiele)

Art des Fußbodens (alle Schichten oberhalb der Rohdecke)	Trittschalldämmung Trittschallminderung ΔL_w (s. Abschn. 8)	Gehschallentwicklung	Verbesserung der Luftschalldämmung
Verbundestrich ohne oder mit hartem Belag wie z. B. Steinzeugböden, dünne Kunststoff- oder Laminatbeläge ohne Korkment- oder Schaumstoffunterlage; aufgeklebtes Parkett u. Ä.	gering, meist unbedeutend	mäßig (von Gangart und Schuhwerk der gehenden Person abhängig)	gering
wie vor, jedoch Beläge mit Korkment- oder Schaumstoffunterlage	mäßig bis hoch	gering bis mäßig	gering, ggf. geringe Verschlechterung
wie vor, jedoch mehrere mm dicke Kork- oder Gummibeläge	hoch	gering	keine
Verbundestrich mit Teppichbelag	sehr hoch, besonders bei schweren SB-Plattendecken und nicht zu dünnen Teppichen	sehr gering	keine
Estrich auf Trennlage, jedoch mit Lufteinschlüssen unter der Trennlage	gering, bei Lufteinschlüssen teilweise erheblich verschlechternd	mäßig oder verstärkt	ggf. Verschlechterung
schwimmender Zement- oder Anhydritestrich	hoch bis sehr hoch, je nach Estrichdicke, dynamischer Steifigkeit der Dämmschicht und Ausführungsqualität	mit hartem Belag erheblich, mit Teppich tieffrequent	mäßig bis erheblich (vom Deckenaufbau abhängig)
schwimmender Asphaltestrich	wie vor, durch hohen Verlustfaktor aber weniger von der Ausführungsqualität (Schallbrücken) abhängig	geringer als bei Zement- oder Anhydritestrich	wie vor
Holzfußboden mit Lagerhölzern auf Dämmstreifen und Hohlraumbedämpfung	mäßig bis hoch	bei schweren (dicken) Holzfußböden mäßig, bei dünnen Böden verstärkt	mäßig bis erheblich (vom Deckenaufbau abhängig)

2.2.3 Geeignete und nicht geeignete Fußböden (Oberdecken und Deckenauflagen)

Es gibt Fußböden mit hoher und mit gar keiner Trittschalldämmung (genauer: Verbesserung der Trittschalldämmung der darunter liegenden Deckenbestandteile, ausgedrückt durch die *bewertete Trittschallminderung* ΔL_w (s. Anhang 12, Abschn. 5.1.4 und Tabelle 5.4), sowie Böden mit und ohne Gehschallentwicklung und solche mit und ohne Verbesserung der Luftschalldämmung. Tabelle 2.1 enthält eine qualitative Zusammenstellung dieser schalltechnischen Eigenschaften.

2.2.4 Bewertung der Trittschalldämmung; Bezugskurve

In Anhang 12 wird erklärt, was unter Trittschalldämmung und dem Norm-Trittschallpegel zu verstehen ist. Genauso wie die Luftschalldämmung wird auch die frequenzabhängige Trittschalldämmung durch den Vergleich mit einer Bezugskurve bewertet und durch einen Einzahlwert, den *bewerteten Norm-Trittschallpegel* $L'_{n,w}$ gekennzeichnet. Im Gegensatz zur Luftschalldämmung, bei welcher der Einzahlwert, nämlich das R'_w, mit der Dämmung steigt, ist es beim Trittschall umgekehrt: Je höher der $L'_{n,w}$-Wert, desto lauter ist es unter der Decke, umso schlechter ist also die Trittschalldämmung. Auch hier ist die Spanne der möglichen $L'_{n,w}$-Werte sehr hoch, sie reicht etwa von über 70 dB bei sehr schlecht trittschalldämmenden Decken bis zu unter 40 dB bei sehr gut dämmenden Konstruktionen. Ähnlich wie bei der Luftschalldämmung ist auch bei der Trittschalldämmung ein unmittelbarer Rückschluss auf den Pegel des unter der begangenen Decke zu hörenden Trittschalls nicht möglich. Deswegen wurde zur zusätzlichen Kennzeichnung der Kurve des Norm-Trittschallpegels auch hier ein Spektrum-Anpassungswert eingeführt (s. hierzu Anhang 13).

Der Leitfaden für den Praktiker

HRSG.: CONRAD BOLEY,
KLAUS ENGLERT,
BASTIAN FUCHS,
GÜNTHER SCHALK

Baurecht-Taschenbuch
Sonderbauverfahren Tiefbau
Technische Erläuterungen –
Rechtliche Lösungen

2010. 350 Seiten,
114 Abb., 9 Tab., Gebunden.
€89,– *

ISBN: 978-3-433-02966-4

■ Nahezu alle Baubeteiligten, insbesondere Bauherrn, Ingenieure, Projektsteuerer, Generalübernehmer, Architekten, Bauhandwerker und Unternehmer, benötigen eine Hilfe, um den undurchdringlichen Nebel des Baurechts wenigstens etwas lichten zu können.

Das Baurecht-Taschenbuch ist von der Praxis gefordert worden, weil es gerade zu den hier behandelten Sonderbauverfahren keine interdisziplinär nachvollziehbaren Abhandlungen und damit Hilfen für die immer wieder auftauchenden und zu lösenden Fragen gibt. Denn zum juristischen Nachvollzug dieser Verfahren ist das technische Verständnis notwendig, wie das jeweilige Verfahren in der Praxis umgesetzt wird und welche Voraussetzungen dafür notwendig sind. In erster Linie ist dies die Kenntnis des Baugrunds und seiner Reaktionen auf das jeweilige Bauverfahren. Und – letztlich für die Streitentscheidung ebenso maßgebend – das Wissen, wie die Rechtsprechung die Verantwortungssphären aufteilt und zu Entscheidungen kommt.

Das Baurecht-Taschenbuch ist so Nachschlagewerk und Ratgeber für Sonderbauverfahren in Einem. Mithilfe der Erläuterungen aller wesentlichen rechtlichen Vorgaben, die das jeweilige Bauverfahren von der Planung über die Ausführung bis hin zur Abnahme und Abrechnung begleiten, können – oft sehr teure – Fehler auf allen Vertragsseiten vermieden und damit auch Streitigkeiten ad acta gelegt werden.

6. HOAI-Novelle – aktuelle Änderungen auf einen Blick

HEINZ SIMMENDINGER
HOAI 2009
Praxisleitfaden für
Ingenieure und Architekten

2009. XXI, 233 Seiten,
37 Tab. Broschur.
€ 29,90 *

ISBN 978-3-433-02958-9

■ Mit der 6. Novelle der HOAI sind erhebliche Änderungen in der Honorarermittlung der Architekten und Ingenieure umgesetzt worden. Neben einer 10%igen Anhebung der Tafelwerte wurde die HOAI grundlegend vom Verordnungsgeber modernisiert.

Für die Ingenieure und Architekten bleibt damit bei der Honorarermittlung nichts beim Alten. Um Sie schnellstmöglich in die HOAI 2009 einzuführen, finden Sie in vorliegendem Werk den aktuellen Gesetzestext und eine praxisorientierte Einführung.

Dipl. Ing. (FH) Heinz Simmendinger arbeitet seit vielen Jahren als Sachverständiger für Architekten- und Ingenieurhonorare und bietet auf diesem Bereich auch erfolgreich Inhouse-Schulungen zur HOAI an. Er ist Mitarbeiter am renommierten HOAI-Kommentar von Locher/Koeble/Frik, Vorsitzender des HOAI-Ausschusses der Ingenieurkammer Baden-Württemberg und Mitglied der AHO Fachkommission Wasserwirtschaft.

Ernst & Sohn
Verlag für Architektur und technische
Wissenschaften GmbH & Co. KG

Kundenservice: Wiley-VCH
Boschstraße 12
D-69469 Weinheim

Tel. +49 (0)6201 606-400
Fax +49 (0)6201 606-184
service@wiley-vch.de

3 Technisches Regelwerk

3.1 DIN 4109 – eine unendliche Geschichte

Den Anfang der *Bauakustik* könnte man wohl in die Zeit des Baugeschehens nach dem Ersten Weltkrieg, also in die 1920er-Jahre legen, als die durch Leichtbauweisen und finanzielle Zwänge geprägte Bautechnik eine Vielzahl neuer leichter Decken- und Wandsysteme hervorbrachte, mit denen sich schnell und preiswert Wohnraum schaffen ließ. Die gut dämmende Vollziegelwand wurde durch mäßig gut wärmedämmende, aber schalltechnisch ungeeignete Materialien aus porigen oder hohlen und damit leichten, biegesteifen Materialien abgelöst und bei den Decken wurde die schwere alte Holzbalkendecke durch Hohlkörperdecken und andere Leichtkonstruktionen mit zum Teil extrem schlechter Tritt- und Luftschalldämmung ersetzt. Die Folge waren Klagen über die Schalldämmung, die sich besonders in den kleinvolumigen Wohnungen auswirkte und die man häufig nur dadurch als erträglich empfand, wenn die durch Wände und Decken übertragenen Nachbarschaftsgeräusche als Folge der damals schlecht schalldämmenden Fenster teilweise vom Verkehrslärm verdeckt wurden.

Daher sind dann auch in den zwei Jahrzehnten zwischen beiden Weltkriegen die physikalisch-technischen Grundlagen der Bauakustik erforscht und entsprechende Messverfahren entwickelt worden. Wollte man die Bauakustik-Protagonisten der damaligen Zeit nennen, denen wir die heute noch weitgehend gültigen Grundlagen und Gesetzmäßigkeiten verdanken, so denkt man an die Namen: *Richard Berger, Heinrich Barkhausen, Ernst Lübke, Arnold Schoch, Erwin Meyer, Lothar Cremer, Werner Zeller* u. a. Etwas Ähnliches wiederholte sich nach dem Zweiten Weltkrieg in beiden Teilen Deutschlands als Folge der durch den Bombenkrieg verursachten Wohnungsnot. Die bauakustischen Probleme blieben: Neben den kleinen Raumvolumina waren es weiterhin schalltechnisch weniger gut geeignete Baumaterialien und besonders im westlichen Teil Deutschlands eine Vielzahl regionalspezifischer Deckenkonstruktionen mit meist schlechter Trittschalldämmung. Nicht zuletzt dadurch wuchs der Umfang bauakustischer Erkenntnisse und technischer Erfahrungen rasant und fand seinen Niederschlag im DIN 4109-Entwurf von 1952 (s. Tabelle 3.1). Zu nennen sind in diesem Zusammenhang neben vielen anderen Namen *Lothar Cremer*, *Karl Gösele* und *Albrecht Eisenberg*.

Die erste Normung des Schallschutzes (genauer der Schalldämmung) geht auf das Jahr 1938 zurück. In DIN 4110 „Technische Bestimmungen für die Zulassung neuer

Tabelle 3.1 Chronologie der in Deutschland seit 1938 erlassenen Anforderungen zum Schallschutz (besser zur Schalldämmung) im Wohnungsbau

Jahr	Norm/Richtlinie	Anforderungen an die Luftschalldämmung von Wohnungstrennwänden und -decken	Anforderungen an die Trittschalldämmung von Wohnungstrenndecken und zwischen Wohnungen
vor 1938	Bau-Polizei-Ordnung für Berlin	Gemäß § 5 Abs. a) müssen auf je 40 m Entfernung massive Brandwände von mind. 25 cm Stärke vorgesehen werden. Dieser Wandaufbau (24 cm Mauerwerk + 1 cm Putz) entspricht einer Luftschalldämmung von R'_w = 54 dB	keine
1938	DIN 4110 „Technische Bestimmungen für die Zulassung neuer Bauweisen" (nur für neue Bauarten gültig)	Für Wohnungstrennwände wurde ein Flächengewicht von 460 bis 480 kg/m² gefordert, das entspricht einer „mittleren Schalldämmzahl D" von $D \geq 42$ dB für 100 Hz bis 0550 Hz, von $D \geq 54$ dB für 550 Hz bis 3000 Hz, von $D \geq 48$ dB für 100 Hz bis 3000 Hz. Diese Anforderung entspricht annähernd $R'_w \approx 52$ dB	Norm-Trittlautstärke T = 85 phon
1944	DIN 4109 „Richtlinien für den Schallschutz im Hochbau" (als Hinweis bekannt gegeben)	Wohnungstrenndecken sollen eine mittlere Luftschalldämmung von 48 dB (nach DIN 4110 Abs. D 11) besitzen. Diese Anforderung entspricht $R'_w \approx 52$ dB	unter Hinweis auf vorstehende Anforderung nach DIN 4110: „Norm-Trittschalldurchlass" 85 phon
1947	ETB-Ergänzung 1, Abschnitt E (für alle Bauarten gültig)	vorstehende Anforderungen aus DIN 4110:1938 und DIN 4109:1944 muss für Wohnungstrenndecken erfüllt werden	vorstehende Anforderungen aus DIN 4110:1938 und DIN 4109:1944 muss für Wohnungstrenndecken erfüllt werden
1952	DIN 4109 „Schallschutz im Hochbau", Beiblatt (Entwurf)	Anforderungen erstmals durch „Sollkurven" Bewertung nach DIN 52211, entspricht – für Wohnungstrenndecken R'_w = 52 dB – für Wohnungstrennwände R'_w = 50 dB	Konstruktionsbeispiele für Massivdecken, die vorstehenden Anforderungen genügen; Anforderungen selbst unverändert
1953	Vornorm DIN 52211 „Schalldämmzahl und Norm-Trittschallpegel" (ETB-Ergänzung 1 gleichzeitig zurückgezogen)	wie vor	Ersatz der aus Mittelwerten abgeleiteten Anforderungen (DIN 4110) durch Sollkurvenbewertung. Statt Norm-Trittlautstärke gilt nunmehr das Trittschallschutzmaß TSM mit der Anforderung TSM = 0 dB

3.1 DIN 4109 – eine unendliche Geschichte

Tabelle 3.1 (Fortsetzung)

Jahr	Norm/Richtlinie	Anforderungen an die Luftschalldämmung von Wohnungstrennwänden und -decken	Anforderungen an die Trittschalldämmung von Wohnungstrenndecken und zwischen Wohnungen
1959	DIN 4109 „Schallschutz im Hochbau" (Entwurf)	Anforderung nur auf Sollkurven-Bewertung mit LSM = 0 dB entspricht R'_w = 52 dB für Wohnungstrenndecken und Wohnungstrennwände	wie vor, TSM = 0 dB (entspricht $L'_{n,w}$ = 63 dB)
1962	DIN 4109 „Schallschutz im Hochbau", Blatt 2 „Anforderungen"	wie vor	wie vor
1979	DIN 4109 „Schallschutz im Hochbau" (Entwurf)	Mindestschallschutz Decken und Wände: R'_w = 55 dB Erhöhter Schallschutz Decken und Wände R'_w = 57 dB	Mindestschallschutz TSM = 10 dB Erhöhter Schallschutz TSM = 17 dB
1989	DIN 4109 „Schallschutz im Hochbau"	Wohnungstrennwände erf. R'_w = 53 dB Wohnungstrenndecken erf. R'_w = 54 dB	erf. $L'_{n,w}$ = 53 dB
1989	DIN 4109 „Schallschutz im Hochbau", Beiblatt 2	Vorschläge für erhöhten Schallschutz: Wohnungstrennwände erf. R'_w ≥ 55 dB Wohnungstrenndecken erf. R'_w ≥ 55 dB	erf. $L'_{n,w}$ ≤ 46 dB
2000	DIN 4109 „Schallschutz im Hochbau", Teil 10 (Entwurf mit Vorschlägen für erhöhten Schallschutz. Wurde nach Einwänden der Bauindustrie zurückgezogen)	Wände und Decken Schallschutzstufe II horizontal (Wände): R'_w = 56 dB vertikal (Decken): R'_w = 57 dB horizontal in Reihen- u. Doppelhäusern: R'_w = 63 dB Wände und Decken Schallschutzstufe III horizontal (Wände): R'_w = 59 dB vertikal (Decken): R'_w = 60 dB horizontal in Reihen- u. Doppelhäusern: R'_w = 68 dB	Decken Schallschutzstufe II horizontal und diagonal: $L'_{n,w}$ = 46 dB horizontal und diagonal in Reihen- u. Doppelhäusern: $L'_{n,w}$ = 41 dB Decken Schallschutzstufe III horizontal und diagonal: $L'_{n,w}$ = 39 dB horizontal und diagonal in Reihen- u. Doppelhäusern: $L'_{n,w}$ = 34 dB
Seit 2001	Komplette Überarbeitung der DIN 4109. Wesentliche Änderung ist hierbei die Umstellung der Anforderungen von den Werten der Schalldämmung (R'_w und $L'_{n,w}$) auf die nachhallzeitbezogenen Werte des Schallschutzes ($D_{nT,w}$ und $L'_{nT,w}$). Das Erscheinungsdatum der neuen DIN 4109 steht noch nicht fest.		

| DK 624:351.78:534.83 | DEUTSCHE NORMEN | April 1944 |

| Richtlinien für den Schallschutz im Hochbau | **DIN** 4109 |

Eingeführt durch Erlaß vom 18. 4. 1944 IV a 8 Nr. 9613—4/43

Inhalt

I. Einleitung
II. Begriffe
III. Schallschutzmaßnahmen bei der Planung und Ausbildung der Bauteile
 § 1 Allgemeines
 § 2 Schallschutz durch richtige Planung
  a) Schallschutzmaßnahmen bei städtebaulicher Planung
  b) Schallschutzmaßnahmen bei der Gebäudeplanung
 § 3 Schallschutz durch richtige Ausbildung der Bauteile
  a) Allgemeine Anforderungen für Schallschutz
  b) Schallschutz von Wänden
   1. Schutz gegen Luftschall
    α) Einfachwände
    β) Mehrfachwände
    γ) Öffnungen
    δ) Zusammengesetzte Wände
   2. Schutz gegen Körperschall (auch Erschütterungen)
  c) Schallschutz von Decken
   1. Allgemeine Anforderungen bei Decken
   2. Schutz gegen Luftschall
    α) Holzbalkendecken
    β) Massivdecken
   3. Schutz gegen Trittschall
    α) Holzbalkendecken
    β) Massivdecken
  d) Schallschutz bei haustechnischen Einrichtungen
   1. Allgemeine Anforderungen bei haustechnischen Einrichtungen
   2. Schutz vor Geräuschen aus Wasserleitungen
   3. Schutz vor Geräuschen aus Luftleitungen
   4. Schutz vor Geräuschen aus Haushaltsgeräten
IV. Schalldämmstoffe
 § 4 Arten der Schalldämmstoffe
  a) Porige Stoffe
  b) Federnde Stoffe
  c) Bildsame Stoffe

Bild 3.1 Die erste DIN 4109 von 1944, Umfang: 6 Seiten

Bauweisen" wurden erstmals für neue Bauarten „mittlere Schalldämmzahlen" der Luftschalldämmung in dB und eine „Normtrittlautstärke" in „phon" vorgeschrieben. Danach erschien 1944 (!) die erste DIN 4109 (s. Tabelle 3.1, Bild 3.1, und Abschnitt 1.2).

Man mag es als schlechtes Omen werten, dass die Geburtsstunde der für die Bauakustik so wichtigen Norm in dieses schreckliche Kriegsjahr fiel, denn bis heute (2011) gelang es nicht, eine inhaltlich überzeugende DIN 4109 zu veröffentlichen. Deutlich ist dies an Tabelle 3.1 abzulesen: Seit 1952 bis heute wurden 8 Versionen oder Entwürfe dieser Norm veröffentlicht, mit Anforderungen an die Luftschalldämmung, die sich mit Werten von 50 bis 54 dB gegenüber 52 dB im Jahr 1938 kaum verändert haben, ausgenommen die 57 dB nach dem 1979er-Entwurf für einen erhöhten Schallschutz, der jedoch durch die Einflussnahme der Bauindustrie keinen Eingang in die gegenwärtig baurechtlich immer noch anzuwendende 1989er-Ausgabe der DIN 4109 fand, was schließlich der Grund zur Erarbeitung der VDI-Richtlinie 4100 war (s. Abschnitt 3.2).

Die erste DIN 4109 umfasste lediglich 6 Seiten und enthielt, wie das Inhaltsverzeichnis im Bild 3.1 zeigt, bereits alle wesentlichen Schallschutzaspekte der folgenden Ausgaben dieser Norm. Was sich wirklich geändert hat, ist der Umfang. Aus den ursprünglichen 6 Seiten sind in der 1989er-Fassung bereits 130 Seiten, (einschließlich der Beiblätter und Änderungen) geworden und es ist zu befürchten, dass die neue DIN 4109, sollte sie jemals als gültige Norm erscheinen, einen 200-Seiten-

Umfang erreichen oder gar überschreiten wird. Die Ursachen für das Wachsen des Umfangs sind nur zum Teil der erweiterte Kenntnisstand, die Berücksichtigung der Flankenübertragung und die neuen nachhallzeitbezogenen Bewertungsgrößen des Schallschutzes, sondern eine Vielzahl von Labor- bzw. Prüfstandsergebnissen, die künftig als Rechenwerte der Schalldämmung in die Schallschutzplanung und die entsprechenden Nachweise einfließen sollen. Neu ist auch das auf einen Vorschlag von *Moll* [36] zurückgehende *Raumgruppenkonzept,* das im Falle des Luftschallschutzes die Einstufung der Räume nach gleichen oder ähnlichen akustischen Kriterien, wie Geräuschempfindlichkeit, Geräuschentwicklung und Vertraulichkeit und beim Trittschall nach Trittschallentwicklung und Empfindlichkeit gegen Trittschall berücksichtigt. Leider beharrte der Arbeitsausschuss der DIN 4109 bei der Umstellung der Anforderungen von den Schalldämmwerten auf die Schallschutzwerte auf der Beibehaltung der zahlenmäßigen Anforderungen an die Dämmwerte R'_w und $L'_{n,w}$, um den Eindruck einer versteckten Erhöhung der Anforderungen zu vermeiden. Verglichen mit früheren Ausgaben der Norm wird die neue DIN 4109 deutlich höhere Anforderungen enthalten, leider nicht an die bauakustische Qualität von Wohnungen, stattdessen aber an das bauakustische Fachwissen der Anwender, was einer breiten Akzeptanz vermutlich nicht förderlich sein wird.

Die meist sehr schlechte Trittschalldämmung in den Neubauten der 1960er- und 1970er-Jahre führte schließlich zu der einzigen wirklich erwähnenswerten Verbesserung der geforderten Schalldämmung, nämlich der Anhebung der Anforderung an die Trittschalldämmung um 10 dB im 1979er-Entwurf der DIN 4109. Danach passierte im DIN-4109-Bereich bis zur gegenwärtigen Phase der vollständigen Überarbeitung (2010/11) nichts weiter, sodass immer noch und bis zur voraussichtlichen Veröffentlichung (und bauaufsichtlichen Einführung?) der neuen DIN 4109 die 1989er-Ausgabe dieser Norm gilt, mit den aus den Tabellen 3.1 und 3.3 ersichtlichen Mindestanforderungen an die beiden wichtigsten Trennflächen zwischen Wohnungen, also den Wohnungstrennwänden und -decken, obwohl diese Mindestwerte zunehmend und auch von Gerichten kritisiert werden.

Ein letzter Versuch, eine dreistufige Qualitätsskala in der DIN 4109 unterzubringen, führte im Jahr 2000 zum Entwurf DIN 4109, Teil 10 „Vorschläge für erhöhten Schallschutz", der jedoch wieder aufgrund von Einsprüchen der Bauindustrie zurückgezogen wurde.

Ein erhöhter Schallschutz in der Gesamtnorm DIN 4109 existiert lediglich im Beiblatt 2, allerdings mit einer recht bescheidenen Anhebung der Luftschalldämmung um 2 dB für Wände und 1 dB für Decken (s. Tabelle 3.3). Voraussichtlich wird die neue DIN 4109 keine Anforderungen an einen erhöhten Schallschutz enthalten. Diese Lücke wird dann für den Wohnungsbau von der neuen *VDI-Richtlinie 4100* mit ihren drei Qualitätsstufen *Mindestschallschutz, erhöhter Schallschutz* und *hoher Schallschutz* ausgefüllt.

Die Teilung Deutschlands zeigte sich auch in der Bauakustik-Normung. In der ehemaligen DDR gab es verbindliche bauakustische Festlegungen seit 1963 und Forderungen an die Schalldämmung in der TGL 10687/03 „Schalldämmung im Bauwesen" vom September 1986 (TGL steht für Technische Normen, Gütevorschriften, Lieferbedingungen). In Tabelle 3.2 sind die DDR-Forderungen an die Schalldämmung von Wohnungstrenndecken und -wänden aufgeführt. Weitere In-

Tabelle 3.2 Forderungen an die Schalldämmung von Wohnungstrenndecken und -wänden nach DDR-Standard TGL 10687/03

Trennfläche zwischen benachbarten Wohnungen	bewertetes Bau-Schalldämm-Maß R'_w	bewerteter Norm-Trittschallpegel $L'_{n,w}$
Decken	51 dB	63 dB (höchstzulässiger Wert)
Wände	51 dB	–

formationen über die bauakustischen Entwicklungen in der früheren DDR bietet z. B. die Veröffentlichung [10].

Für die üblichen Wohnungsneubauten im östlichen Teil Deutschlands waren also die Forderungen an die Schalldämmung zwischen benachbarten Wohnungen deutlich geringer als in der Bundesrepublik, was sicher auf wirtschaftliche Zwänge und auf die damals wohl noch nicht so ausgeprägte Bereitschaft, dem Verlangen der Bewohner von Neubauten nach bauakustischer Privatheit zu entsprechen, zurückgeführt werden kann. Hingegen stand der bauakustische Wissensstand dem des im westlichen Teil Deutschlands bekannten in nichts nach. So ist u. a. die Tatsache bemerkenswert, dass bereits in der 1986 erschienenen TGL 10687/03 die bewertete nachhallzeitbezogene Schallpegeldifferenz $D_{nT,w}$ zumindest begrifflich auftauchte. In die DIN 4109 sind die nachhallzeitbezogenen Anforderungen an den Luft- und Trittschallschutz erst 2008, also 20 Jahre später, in die zurzeit noch nicht abgeschlossene Neubearbeitung eingeflossen.

3.2 VDI 4100 – das andere Regelwerk

Die Bauakustiker im DIN 4109-Ausschuss bemühten sich bereits bei der Erarbeitung des 1979er Entwurfs der DIN 4109 im Beiblatt 2 „Luft- und Trittschalldämmung in Gebäuden; Anforderungen und Nachweise; Hinweise für Planung und Ausführung" zwei Qualitätsstufen der Schalldämmung in der Norm zu verankern und zwar neben den *Mindestanforderungen* auch *Vorschläge für einen erhöhten Schallschutz* (s. Tabelle 3.3). Beide Stufen unterschieden sich bei der Luftschalldämmung der Decken und Wände zwischen Wohnungen um 2 dB (55 dB zu 57 dB) und um 7 dB beim Trittschall (entsprechend $L'_{n,w}$ = 53 dB zu 46 dB). Schon damals entsprach der Wunsch nach einem höheren Schallschutz nicht nur dem Bedürfnis vieler unter der Geräuscheinwirkung aus benachbarten Wohnungen leidender Bewohner, sondern auch den Erfahrungen vieler Bauakustiker.

Das Nebeneinander beider Werte in einer Tabelle der DIN 4109, Entwurf 1989, Teil 2, Tabelle 1 (s. Tabelle 3.3) weckte jedoch bei Teilen der Bauwirtschaft die Befürchtung, man könne an den Werten des erhöhten Schallschutzes die geringere Qualität des Mindestschallschutzes ablesen, was natürlich auch zutraf. Einzig aus diesem Grund wurde aus diesem Normentwurf keine gültige Norm. Schließlich führte dies dazu, dass sich unter der Leitung von *R. Kürer* ein vorwiegend aus erfahrenen Bauakustikern bestehender Arbeitskreis bildete, der, gleichsam als Gegengewicht zur demontierten DIN 4109, die Richtlinie VDI 4100 „Schallschutz von Wohnungen – Kriterien für Planung und Beurteilung" mit drei Schallschutzstufen

3.2 VDI 4100 – das andere Regelwerk

Tabelle 3.3 Gegenüberstellung der Schalldämmanforderungen im Wohnungsbau nach Entwurf DIN 4109:1989, Beiblatt 2, und Richtlinie VD 4100:1994 bzw. VDI 4100:2007

Bauteil	Anforderungen und Empfehlungen nach Beiblatt 2 zu DIN 4109:1989				Kennwerte nach VDI 4100:1994 bzw. 2007 für die drei Schallschutzstufen					
	Anforderung für normalen Schallschutz		Empfehlung für erhöhten Schallschutz		SSt I		SSt II		SSt III	
	R'_w	$L'_{n,w}$	R'_w	$L'_{n,w}$	R'_w	$L'_{n,w}$	R'_w	$L'_{n,w}$	R'_w	$L'_{n,w}$
Wohnungstrennwände in Mehrfamilienhäusern	53 dB	–	≥55 dB	–	53 dB	–	56 dB	–	59 dB	–
Wohnungstrenndecken in Mehrfamilienhäusern	54 dB	53 dB	≥55 dB	≤46 dB	54 dB	53 dB	57 dB	46 dB	60 dB	39 dB
Haustrennwände zw. Einfamilien-, Reihen- und Doppelhäusern	57 dB	–	>67 dB	–	57 dB	–	63 dB	–	68 dB	–
Decken in Einfamilien-, Reihen- und Doppelhäusern (wegen Übertragung ins benachbarte Haus)	–	48 dB	–	≤38 dB	–	48 dB	–	41 dB	–	34 dB

(SSt) erarbeitete, wobei die unterste Stufe 1 der Mindestanforderung nach DIN 4109:1989 entsprach. Die Tabelle 3.3 zeigt die Werte dieser drei Stufen und ermöglicht den Vergleich beider Regelwerke. Danach setzte sich, gestützt durch entsprechende Gerichtsurteile, die SSt II weitgehend als „allgemein anerkannte Normalanforderung" durch. Gegenwärtig (2010/2011) wird auch die VDI 4100 überarbeitet, vor allem wegen der erforderlichen Umstellung auf die nachhallzeitbezogenen Größen $D_{nT,w}$ und $L'_{nT,w}$ sowie der analytischen Herleitung der Anforderungen.

4 Schalldämmung und Schallschutz

4.1 Begriffsdefinition – Anforderungen

Eine fundamentale Änderung der Betrachtungsweise des Schallschutzes zwischen zwei Räumen zeichnete sich in Deutschland in den letzten Jahren (im deutschsprachigen Ausland schon früher) ab, indem jetzt zwischen den physikalisch unterschiedlichen Begriffen Schallschutz und Schalldämmung unterschieden wird. Dies war nicht immer so, was die zurzeit sogar noch gültige alte DIN 4109:1989 mit ihrem falschen Titel „Schall*schutz* im Hochbau" beweist, obwohl sie Anforderungen an die Schall*dämmung* zwischen Räumen und Schall*dämm*werte der Konstruktionen nennt. Wegen der grundsätzlichen Bedeutung dieses Unterschiedes soll nachfolgend näher darauf eingegangen werden:

Seit es die Bauakustik gibt, hat man die schalltechnische Qualität bekannter und bewährter Konstruktionen zum Standard erhoben, nachdem man ihre Schalldämmung messen konnte. Genannt seien hier die beiden wichtigsten, nämlich die 25 cm dicke verputzte Vollziegelwand und die alte schwere Holzbalkendecke (s. Abschn. 5.3.1, Bild 5.6).

Natürlich wurden diese Konstruktionen nicht aus schalltechnischen, sondern aus statischen Gründen so bemessen, sie boten aber für den Regelfall wohnungstrennender Flächen einen guten Schallschutz, besonders wenn man berücksichtigt, dass es seinerzeit weder leistungsstarke Rundfunk- und Fernsehgeräte noch laute Haushaltsgeräte oder TGA-Anlagen gab und auch die Grundgeräuschpegel in den Wohnungen wegen der geringeren Schalldämmung der alten nicht so dichten Fenster höher als heute üblich waren.

Auch wenn im Laufe der Jahrzehnte die Anforderungen an die Luft- und Trittschalldämmung aus verschiedenen Gründen mal erhöht und mal abgesenkt wurden, (s. Tabelle 3.1), so blieb doch selbst manchem Bauakustiker lange und teilweise noch bis in die Gegenwart die anforderungsrelevante Erkenntnis verschlossen, dass der Schallschutz, also die Pegeldifferenz $D = L_S - L_E$ zwischen Sende- und Empfangsraum, zwar hauptsächlich, aber nicht nur allein von der Schalldämmung der Bauteile zwischen zwei Räumen, also von R'_w und $L'_{n,w}$ abhängt, sondern auch noch von deren Volumina und Nachhallzeiten. Das war natürlich auch bei den Anforderungen zu berücksichtigen (s. auch Anhang 8). In Deutschland wurde dies bisher nicht berücksichtigt, d. h. es fehlte eine *physikalisch nachvollziehbare Begründung* der Anforderungen zum Schallschutz und damit deren Legitimation [12a, b]. Stattdessen wurden die Anforderungen meist mit traditionellen Bauweisen und in den letzten Jahrzehnten mit kaum offengelegten Interessen bestimmter Vertreter der Baubranche begründet. Bewohner, die unter dem schlechten Schallschutz ihrer Wohnung leiden oder sich gar betrogen fühlen, verfügen über keine nennenswerte Lobby, ihnen bleibt nur der unsichere Klageweg.

Erst in den letzten Jahren verbreitete sich im Bereich der deutschen Normung die Erkenntnis, dass es einen Unterschied zwischen Schalldämmung und Schallschutz gibt und man sich von der bisherigen Gewohnheit, beide Begriffe für ein und dieselbe Sache zu verwenden, was schon häufig zu Verwechselungen geführt hat, verabschieden muss. Schalldämmung und Schallschutz sind in der sprachlichen Verbindung mit Luftschall und Trittschall die beiden zentralen Begriffe der Bauakustik, die sich grundlegend voneinander unterscheiden. Schon aus diesem Grunde ist sprachliche Klarheit geboten. So versteht man unter *Schalldämmung* die *bauteilkennzeichnende* Fähigkeit von Trennbauteilen, wie Wänden, Decken, Fenstern, Türen etc., den auftreffenden Schall bei der Transmission durch das Bauteil zu schwächen. Im Falle der *Luftschalldämmung* wird dies durch die *Schalldämm-Maße* R, R_w und R'_w, (s. Anhang 9) beschrieben und bei der *Trittschalldämmung* von Decken, Treppen u. dgl. durch die *Norm-Trittschallpegel* L_n, $L_{n,w}$ und $L'_{n,w}$ (s. Anhang 12). Der Begriff „Schalldämmung" und seine Symbole kennzeichnen also die *schalltechnische Qualität der jeweiligen Bauteile*, unabhängig davon, ob sie zwischen großen oder kleinen oder zwischen halligen oder bedämpften Räumen eingebaut sind.

Hingegen versteht man unter *Schallschutz* die Schallpegeldifferenz $D = L_S - L_E$ zwischen zwei Räumen (s. Anhang 8), die benachbart sein können, aber nicht unmittelbar aneinander grenzen müssen, wie z. B. die Disco im EG und eine Wohnung im 3. OG. Der Schallschutz wird also nicht nur durch die Schalldämmung des Trennbauteils oder die schallübertragenden Baukonstruktionen bestimmt, sondern auch, z. T. sogar wesentlich, durch die Volumina V und die Nachhallzeiten T beider Räume. Dabei ist bei Annahme eines bestimmten Schall*druck*pegels L_S im Senderaum die Schallpegeldifferenz D nur noch von der Dämmung R'_w und der äquivalenten Absorptionsfläche A_E des Empfangsraumes, d. h. vom Volumen V_E und der Nachhallzeit T_E, abhängig. Wollte man den Unterschied auf den Punkt bringen, könnte man es so ausdrücken: Schalldämmung ist das, was die dämmende Baukonstruktion *kann* und Schallschutz das, was sie bei den jeweiligen Raumvolumina *bewirkt*.

Geht man senderaumseitig vom *Schall-Leistungspegel* aus – wofür vieles spricht, weil der Schall-Leistungspegel L_W im Gegensatz zum Schalldruckpegel eine bekannte, *schallquellenkennzeichnende* Größe ist – wird der Schallschutz auch vom Volumen V_S und der Nachhallzeit T_S des Senderaumes, also von A_S bestimmt, was auch die Beispiele in den Bildern 4.1 und 4.2 sowie Tabelle 4.1 zeigen. Die Abhängigkeit des immittierten Pegels im Empfangsraum von dessen Volumen und Nachhallzeit ist der eigentliche und gravierende Nachteil des Schalldämm-Maßes, wenn es um die Festlegung von Anforderungen an den Schall*schutz* zwischen geplanten Wohnungen mit meist unterschiedlichen Zimmervolumina geht. Schreibt man, was lange Zeit üblich war und z. T. immer noch ist, für einen bestimmten bauakustischen Schallschutzfall einen R'_w-Wert vor, so ist bei kleinen Raumvolumina (z. B.

4.1 Begriffsdefinition – Anforderungen

Kinderzimmern) die Pegeldifferenz und damit der Schallschutz geringer als bei großen Räumen. Bei der Nachhallzeit ist es umgekehrt: In Räumen mit kleiner Nachhallzeit ist die Pegeldifferenz größer und damit der Schallschutz besser als zwischen halligen Räumen.

Im Grunde genommen sind diese Zusammenhänge, die ein aufmerksamer Beobachter schon seit langem aus seiner alltäglichen Erfahrung kennen wird, schon Mitte der 80er-Jahre bekannt gewesen, siehe auch *Lang* [13] und *Kürer* [14], sie wurden jedoch in der deutschen Normung ignoriert. Es ist daher sinnvoll, für einen gewünschten Schallschutz statt der Schalldämm-Maße Pegeldifferenzen festzulegen und den Einfluss der Nachhallzeit T_E im Empfangsraum dadurch zu berücksichtigen, dass die Pegeldifferenz D durch den Summanden $+ 10 \lg (T_E/T_0)$ mit $T_0 = 0,5$ s für Wohn- und vergleichbare Arbeitsräume normiert wird (s. Gleichung A 8.4 in Anhang 8) mit n für „Norm" im Index. Da auch D_{nT} frequenzabhängig ist, wird auch hierfür das Verfahren der Bewertung durch die Bezugskurve angewendet, womit sich dann die *bewertete Standard-Schallpegeldifferenz*

$$D_{nT,w} = D + 10 \lg (T_E/T_0) \quad [\text{dB}] \quad (4.1)$$

als Einzahlwert ergibt, die genau oder mit guter Näherung der tatsächlichen Pegeldifferenz D entspricht, weil sich T_E erfahrungsgemäß nicht oder nur wenig von der für Wohnräume festgelegten Bezugsnachhallzeit von 0,5 s, die typisch für üblich möblierte Wohnzimmer ist, unterscheidet.

Setzt man nun für D nach Gleichung A 9.1 $D = R - 10 \lg (S/A)$ ein, so ergibt sich der Zusammenhang zwischen $D_{nT,w}$ und R'_w zu

$$D_{nT,w} = R'_w + 10 \lg (V_E/S) - 5 \quad [\text{dB}] \quad (4.2)$$

und zur Bestimmung der erforderlichen Luftschall*dämmung*

$$\text{erf. } R'_w = D_{nT,w} - 10 \lg (V_E/S) + 5 \quad [\text{dB}] \quad (4.3)$$

woran man erkennt, dass große Volumina V_E geringere Dämmungen R'_w und große Trennflächen S höhere Dämmwerte erfordern.

Diese beiden wichtigen Konsequenzen sind in der Definition des Schalldämm-Maßes auch enthalten, allerdings nur, um bei den Messungen der Luftschalldämmung den Einfluss der Trennflächengröße S und der äquivalenten Absorptionsfläche A_E, also des Empfangsraumvolumens V_E und seiner Nachhallzeit T_E, zu berücksichtigen, denn je größer die Trennfläche ist, umso mehr Schall geht hindurch und der Pegel im Empfangsraum steigt natürlich auch, je länger seine Nachhallzeit ist. Mit diesen in den Gleichungen A 9.1 und A 12.1 enthaltenen Korrekturen wird also eine Normierung in der Weise erreicht, dass sich das Messergebnis des Bauteils, unabhängig vom Volumen und der Nachhallzeit des Empfangsraumes ergibt, also davon, *wo* die Wand oder Decke (natürlich bei gleicher Flankenübertragung) gemessen wird. Daher sind diese Ergebnisse *bauteilkennzeichnend*. Bei Messungen in Gebäuden, also z. B. bei Güteprüfungen, wird das Ergebnis zusätzlich vom Einfluss der Flanken- und Nebenwegübertragung und der Ausführungsqualität bestimmt, was bei Messungen im Prüfstand selbstverständlich entfällt. Bei Messungen am Bau (Güteprüfungen), durch die festgestellt werden soll, ob die geforderte bewertete Standard-Schallpegeldifferenz eingehalten wurde, vereinfacht sich das Messverfahren insofern, weil die Bestimmung des Raumvolumens entfällt (die bei der Überprüfung von R'_w bei nicht quaderförmigen Räumen häufig fehlerhaft war, sodass also auch der R'_w-Wert nicht stimmte).

Bei der Festlegung bauakustischer Anforderungen hat man in der Vergangenheit die Dämmung R'_w bzw. $L'_{n,w}$ vorgeschrieben und dadurch die unterschiedlichen Schallschutzwerte (zulasten der kleinen Räume) in Kauf genommen, statt von vorn herein gleich den Schallschutz vorzuschreiben, womit auch der Titel der DIN 4109 „Schall*schutz* im Hochbau" schon in der Vergangenheit dem Inhalt dieser Norm entsprochen hätte. Künftig werden also die bauakustischen Anforderungen in der Neufassung der DIN 4109 und der VDI 4100 nur noch die nachhallzeitbezogenen Werte des Luftschallschutzes $D_{nT,w}$ und $L'_{nT,w}$ des Trittschallschutzes sein, aus denen sich erst dann die erforderlichen Dämmwerte R'_w und $L'_{n,w}$ rechnerisch ergeben.

Auch bei der Trittschalldämmung $L'_{n,w}$ ist der Bezug auf $T_0 = 0,5$ s anstelle der Bezugsabsorptionsfläche $A_0 = 10$ m^2 sinnvoll und daher eingeführt worden. Das bedeutet, dass künftig auch im Wohnungsbau die Anforderung primär nicht an den bewerteten Norm-Trittschallpegel L'_n, sondern an den bewerteten Standard-Trittschallpegel $L'_{nT,w}$ gestellt wird.

$$L'_{nT,w} = L_1 - 10 \lg (T_E / T_0) \quad [\text{dB}] \tag{4.4}$$

als Einzahlangabe gestellt wird, aus der sich dann rechnerisch der Norm-Trittschallpegel $L'_{n,w}$ wie folgt ergibt:

$$\text{erf. } L'_{n,w} = L'_{nT,w} + 10 \lg V_E - 15 \quad [\text{dB}] \tag{4.5}$$

Beispiel

Für ein 130 m^3 großes Wohnzimmer wird ein Standard-Trittschallpegel der Zimmerdecke von $L'_{nT,w} = 40$ dB gefordert. Also darf dort der bewertete Norm-Trittschallpegel, höchstens $L'_{n,w} = 40 + 10 \lg 130 - 15 = 40 + 21 - 15 = 46$ dB betragen. Im Falle eines kleinen nur 30 m^3 großen Raumes ergäbe sich ein deutlich niedrigerer (besserer) Wert von $L'_{n,w} = 40 + 10 \lg 30 - 15 = 40 + 14,8 - 15 = 40$ dB.

Bei $V_E = 32$ m^3 ist $L'_{nT,w} = L'_{n,w}$.

Man kann sich das so vorstellen: Die Decke mit dem darauf klopfenden Hammerwerk ist eine Schallquelle mit konstanter Schall-Leistung, die sie in den Empfangsraum abstrahlt. Der darin zu hörende Schalldruckpegel ist von dessen Volumen V_E und der Nachhallzeit T_E abhängig. Ist V_E groß, so verteilt sich die Energie des Trittschallpegels auf den größeren Raum, sodass der Trittschallpegel kleiner als in einem kleinen Empfangsraum ist und umgekehrt. Auch hier gilt also: Je größer das Empfangsraumvolumen und je kleiner dessen Nachhallzeit ist, desto besser ist auch beim Trittschall bei gleicher Trittschalldämmung der Trittschallschutz.

Ein weiterer gravierender Einfluss auf die empfundene Qualität des Schallschutzes ist die *Verdeckung* der vom Wohnungsnachbarn immittierten Geräusche durch den wohnungsinternen Grundgeräuschpegel, wenn also $L_E < L_{GE}$ ist, worauf bereits die Richtlinie VDI 4100:1994 textlich und tabellarisch hingewiesen hat, genauso auch auf die Schall-Leistungspegel verschiedener Sprechweisen. Diese für den Schallschutz zwischen Wohnungen wichtigen Daten flossen nicht in die DIN-4109-

4.1 Begriffsdefinition – Anforderungen

Philosophie ein und es blieb lediglich der VDI 4100:94 überlassen, auf der Grundlage der Arbeit von *Kürer* [14], und des Beitrags von *Kötz und Moll* „Wie hoch sollte die Schalldämmung zwischen Wohnungen sein?" [15] auf die Fragwürdigkeit der DIN-4109-Anforderungen hinzuweisen und auf der Grundlage dieser Daten die erforderlichen R'_w-Werte wohnungstrennender Wände und Decken in Abhängigkeit von der Raumgröße rechnerisch zu ermitteln.

Die inzwischen bei der Neubearbeitung der Regelwerke zum Schall*schutz* (DIN 4109 und VDI 4100) begonnene Umstellung der Anforderungen auf die nachhallzeitbezogenen Einzahlwerte des Schallschutzes bedeutet, dass die bauakustische Qualität einer Wohnung nunmehr von den drei Ausgangsgrößen $D_{nT,w}$, $L'_{nT,w}$ und L_{GTA} (Pegel gebäudetechnischer Anlagen) bestimmt wird. In der Planungsphase werden also aus diesen nachhallzeitbezogenen Größen anhand geometrischer Raumdaten der Räume benachbarter Wohnungen (Volumina V_E, Trennflächen S und Nachhallzeiten T_E) die zur Erfüllung des gewünschten bzw. erforderlichen Schallschutzes benötigten bauteilkennzeichnenden Größen, R'_w und $L'_{n,w}$, errechnet. Daraus sind dann die jeweiligen Bauteile (Decken, Wände, Treppen) zu bestimmen. Die geforderten oder gewünschten Werte des Schallschutzes lassen sich den künftigen Vorschriften, also Anforderungen, entnehmen oder, wie im Abschnitt 4.2.2 gezeigt wird, individuell berechnen.

Dies sind die Grundzüge einer *zielgerichteten und neuartigen Bauakustikplanung*, die für einige Planer wohl gewöhnungsbedürftig sind und auch mehr Arbeit und bauakustischen Sachverstand erfordert als die bisher im Rahmen der Nachweisführung übliche „Abhak-Akustik". Sie bietet jedoch den großen Vorteil, anhand der im Abschnitt 4.2 beschriebenen transparenten Herleitung der *Anforderungen* zum Schallschutz Planungen, Ergebnisse von Güteprüfungen, verbalen Qualitätszusagen und Gutachten anhand bauakustisch bekannter Basiswerte (s. Anhang 14) nachvollziehbar und kritisch beurteilen zu können. Bilder 4.1, 4.2 und Tabelle 4.1 im Abschnitt 4.2 zeigen an einem einfachen Beispiel den Unterschied zwischen Schalldämmung und Schallschutz zwischen zwei unterschiedlich großen Räumen, wenn eine „angehobene" Sprechlautstärke von $L_W = 74$ dB(A) sowohl im kleinen als auch im großen Raum und empfangsraumseitig als Schallschutzziel ein Ausgangswert von 17 dB(A), also ein Grundpegel von 20 dB(A) und eine Mindestverdeckung von 3 dB angenommen wird. Allein dieses Beispiel zeigt die Fragwürdigkeit der bisherigen Anforderungen nach der alten DIN 4109.

Die zuvor skizzierte „neue Bauakustik" erfordert allerdings einen höheren Planungsaufwand, weil zunächst die angestrebte Schallschutzqualität, also die dafür erforderlichen $D_{nT,w}$- und $L'_{nT,w}$-Werte zwischen den Wohnungen bestimmt werden muss. Danach werden dann anhand der aus den Bauplänen zu entnehmenden Raumabmessungen die Dämmwerte R'_w und $L'_{n,w}$ errechnet, wie auch Bild 4.1 in Abschnitt 4.2 verdeutlicht. Dies wird bei Wohnungen mit üblicherweise unterschiedlich großen Räumen auch mehrere unterschiedliche Dämmwerte ergeben, wobei man sich gewöhnlich aus Gründen der Einfachheit und bautechnischen Praktikabilität für nur einen Wohnungstrennwandtyp und nur eine Konstruktion für die Wohnungstrenndecken entscheidet. Hierdurch wird nicht nur die Nachweisführung vereinfacht, sondern auch ein besserer Schallschutz zwischen den großen Wohnräumen erreicht. Ergibt sich z. B. rechnerisch für ein kleines Zimmer mit einer Abmessung von weniger als 3,1 m senkrecht zur Wohnungstrennwand ein meist nur um ca. 1 dB über $D_{nT,w}$ liegendes R'_w, wie das Beispiel im Bild 4.1 B zeigt, könnte man ohne wesentliche Abstriche an der Schallschutzqualität der Gesamtwohnung für diese Wand eine Konstruktion mit einer um 1 dB verminderten Luftschalldämmung wählen. Bei etwas größeren Räumen wäre die $D_{nT,w}$-Anforderung erfüllt oder übererfüllt und bei übereinanderliegenden Räumen wäre, selbst bei Raumhöhen unter 3,1 m, die berechnete R'_w-Anforderung wegen der meist höheren Dämmung massiver Wohnungstrenndecken auch erfüllt.

Was ändert sich also künftig für die Planer des Schallschutzes und für diejenigen, die den Schallschutz nachzuweisen haben? Bisher musste man nach DIN 4109:1989 zuerst die Dämmwerte R'_w und $L'_{n,w}$ aus den Anforderungstabellen ablesen und danach die geeigneten Bauteile bestimmen. Das war im Wesentlichen eine simple „Abhak-Akustik", die mit einer fachlich fundierten Beratung durch einen erfahrenen Bauakustiker nichts zu tun hat. Wird demnächst nach der neuen DIN 4109 geplant, stehen die aus Tabellen abgelesenen oder individuell nach Abschnitt 4.2.2 berechneten Anforderungen $D_{nT,w}$ und $L'_{nT,w}$ an erster Stelle und die bauteilkennzeichnenden Größen R'_w und $L'_{n,w}$ werden erst danach anhand der geometrischen Raumdaten berechnet und sodann die entsprechenden Konstruktionen bestimmt. Diese Reihenfolge entspricht auch der Logik der neuen DIN: Das Wichtigste ist der *Schallschutz* aus dem dann die erforderliche *Dämmung* berechnet wird.

4.2 Welche Anforderungen sind angemessen und künftig zu berücksichtigen?

4.2.1 Die Normungssituation im Jahr 2010/2011

Zur Zeit der Erarbeitung des Manuskriptes zu diesem Buch waren die Beratungen in den beiden Arbeitsausschüssen DIN 4109 und VDI 4100 noch nicht abgeschlossen, allerdings ist ein zweiter Entwurf der neuen VDI 4100 im Frühjahr 2011 erschienen. Dem Leser kann daher zurzeit nur empfohlen werden, sich auf den Internetseiten des DIN zu informieren, ob oder welche Teile der DIN 4109 zumindest bereits als Entwurf veröffentlicht wurden und damit der Öffentlichkeit zugänglich sind. Die folgenden Ausführungen stehen daher unter dem Vorbehalt zukünftig möglicher Änderungen. Allerdings lassen die bisherigen Beratungsergebnisse in den Arbeitsausschüssen beider Regelwerke erneut die gewohnte Tendenz erkennen, in der DIN 4109 lediglich Mindestanforderungen zu normen, während die bekannte 3er-Qualitätsabstufung in der VDI-4100-Richtlinie erhalten bleibt und nunmehr wichtige Einflussgrößen berücksichtigt. Im Interesse einer besseren Planbarkeit und Anwenderfreundlichkeit wäre es allerdings besser gewesen, Mindest- und erhöhte Anforderungen gemeinsam in einem Regelwerk, nämlich der DIN 4109, unterzubringen. Warum dies von der Bauwirtschaft abgelehnt wird, ist unbegreiflich.

An dieser Stelle soll auf ein alternatives Einstufungs- und Beurteilungsverfahren verwiesen werden, nämlich auf die DEGA-Empfehlung 103 [16], in der 7 Schallschutzklassen mit R'_w-Werten von <50 dB bis ≥72 dB für Decken und Wände und zahlreiche weitere Kennwerte definiert werden, die sich auf die Luft- und Trittschalldämmung der anderen für die Schalldämmung zwischen Wohnungen wichtigen Bauteile sowie auf die höchstzulässigen Schallpegel hausinterner und externer Störquellen beziehen. Mit dieser Klassifizierung wird angestrebt, die schalltechnische Qualität von Wohneinheiten zu erfassen und die Ergebnisse in einem Schallschutzausweis zu dokumentieren, näheres hierzu enthält [16]. Zu beachten ist jedoch, dass die Kennwerte der DEGA-Empfehlung Schalldämm- und keine Schallschutzwerte sind.

Nach dem derzeit existierenden öffentlichen Baurecht müssten, solange es keine neue und baurechtlich eingeführte DIN 4109 gibt, die alten Mindestanforderungen der 1989er-Normausgabe (s. Tabelle 3.3), eingehalten werden, die jedoch mittlerweile nicht mehr als *allgemein anerkannte Regel der Technik* gelten und deswegen zu Recht auch nicht mehr die Grundlage zahlreicher aktueller Gerichtsurteile sein können. Daher wird auch an dieser Stelle dringend empfohlen, den Schallschutz nicht mehr nach den Mindestanforderungen der DIN 4109:1989 zu planen bzw. nachzuweisen. Der BGH hat in den letzten Jahren mehrfach darauf hingewiesen, dass DIN-Normen private technische Regelungen und keine Rechtsnormen sind. Dennoch existiert in Deutschland ein nicht zu erschütternder Glaube an die Richtigkeit technischer Regelwerke, so auch der DIN 4109, dank der Sanktionierung durch die Aufnahme der Norm als technische Baubestimmung in das Bauordnungsrecht der Bundesländer (*Locher-Weiß* [17]).

4.2.2 Rechnerische Herleitung der Anforderungen an den Luftschallschallschutz

Eine physikalisch nachvollziehbare und insoweit auch *begründete Schallschutzplanung* könnte nach dem im Anhang 14 dargestellten Schema erfolgen, dem Wertetabellen der bisherigen VDI 4100:1994 und die Beiträge von *Kötz* und *Moll* [15], *Ertel* und *Moll* [18], und *Moll* [12a, b] zugrunde liegen, die von folgenden Überlegungen und Zusammenhängen ausgeht:

Die für den erforderlichen Luftschallschutz maßgebliche Größe ist die bewertete Standard-Schallpegeldifferenz $D_{nT,w}$, die nach Gleichung A 8.4 aus Anhang 8 wie folgt definiert ist:

$$D_{nT,w} = D + 10 \lg (T/T_0) \quad [\text{dB}] \tag{4.6}$$

dabei ist D die Pegeldifferenz zwischen Sende- und Empfangsraum, also $D = L_S - L_E$. Führt man jetzt die Verdeckung $\Delta L = L_{GE} - L_E$ des Empfangsraumpegels L_E durch den Grundgeräuschpegel L_{GE} ein, bildet also den

$$\text{Zielwert} \quad L_E = L_{GE} - \Delta L \quad [\text{dB}] \tag{4.7}$$

d. h. den durch das Grundgeräusch mehr oder minder stark verdeckten Immissionspegel im Empfangsraum, so ergibt sich für die *erforderliche bewertete Standard-Schallpegeldifferenz* erf. $D_{nT,w}$.

$$\text{erf. } D_{nT,w} = L_S - L_{GE} + \Delta L + 10 \lg (T_E/T_0) \quad [\text{dB}] \tag{4.8}$$

Hierbei ist T_0 die Bezugsnachhallzeit, die nach EN ISO 140-4 mit dem für möblierte Wohnräume typischen Wert von $T_0 = 0.5$ s, festgelegt ist, wodurch berücksichtigt wird, dass in möblierten Räumen die Nachhallzeit mit 0,5 s nahezu unabhängig vom Volumen und der Frequenz ist. Da 10 lg 0,5 = −3 ist, wird erf. $D_{nT,w} = L_S - L_{GE} + \Delta L + 10 \lg T_E + 3$.

Im Senderaum wird der Pegel L_S durch den Schall-Leistungspegel L_w der Quelle und durch die Absorption A_S bestimmt, sodass sich nach Gleichung A 6.2

$$L_S = L_w + 6 - 10 \lg A_S$$

und daraus

$$\text{erf. } D_{nT,w} = L_w + 6 - 10 \lg A_S - L_{GE} + \Delta L + 10 \lg T_E + 3 \quad [\text{dB}]$$

und schließlich

$$\text{erf. } D_{nT,w} = L_w + 17 - 10 \lg V_S - L_{GE} + \Delta L + 10 \lg (T_S \cdot T_E) \quad [\text{dB}] \quad (4.9)$$

ergibt.

Beispiel nach Anhang 14:

laute Sprache mit	$L_w = 82$ dB(A)
Senderaumvolumen	$V_S = 150$ m³
Grundpegel	$L_{GE} = 25$ dB(A)
Verdeckung	$\Delta L = 3$ dB
Nachhallzeiten	$T_S = 0,7$ s, $T_E = 0,9$ s

nach Gleichung (4.9) ergibt sich:

$$\text{erf. } D_{nT,w} = 82 + 17 - 10 \lg 150 - 25 + 3 + 10 \lg (0,7 \cdot 0,9)$$

$$\text{erf. } D_{nT,w} = 53 \text{ dB}$$

daraus lässt sich nach Anhang 14 die erforderliche Luftschalldämmung einer beispielsweise 16 m² großen Trennwand zum $V_E = 110$ m³ großen Nachbarraum wie folgt berechnen:

$$\text{erf. } R'_w(C) = 53 - 10 \lg(110/16) + 5 = 50 \text{ dB}.$$

Die gleiche Dämmung ergäbe sich bei Annahme einer „angehobenen" Sprechweise ($L_w = 74$ dB(A)) und bei einem Grundpegel von nur 17 dB(A).

Auf diese Weise lässt sich für die Luftschallübertragung von Raum zu Raum die *jeweils angemessene Schallschutzanforderung durch rechnerische Herleitung* bestimmen oder zumindest begründet abschätzen, wobei alle drei wichtigen Basisgrößen berücksichtigt werden, nämlich

– der Schallleistungspegel L_w der zu dämmenden Schallquelle im Senderaum in dB(A),
– der Grundgeräuschpegel L_{GE} in dB(A) im Empfangsraum,
– die Verdeckung $\Delta L = L_{GE} - L_E$ des immittierten Empfangsraumpegels L_E durch den Grundpegel L_{GE}.

Bild 4.1 und Tabelle 4.1 zeigen wiederum anhand zweier verschieden großer Raumgruppen beispielhaft für die Basiswerte $L_w = 74$ dB(A), $L_{GE} = 20$ dB(A) und $\Delta L = 3$ dB die für verschiedene Raumsituationen berechneten Luftschallschutz- und Luftschalldämmwerte erf. $D_{nT,w}$ und erf. $R'_w(C)$. Sie verdeutlichen die beträchtlich Spannweite der jeweils erforderlichen Schallschutz- und Schalldämmwerte.

4.2 Welche Anforderungen sind angemessen und künftig zu berücksichtigen?

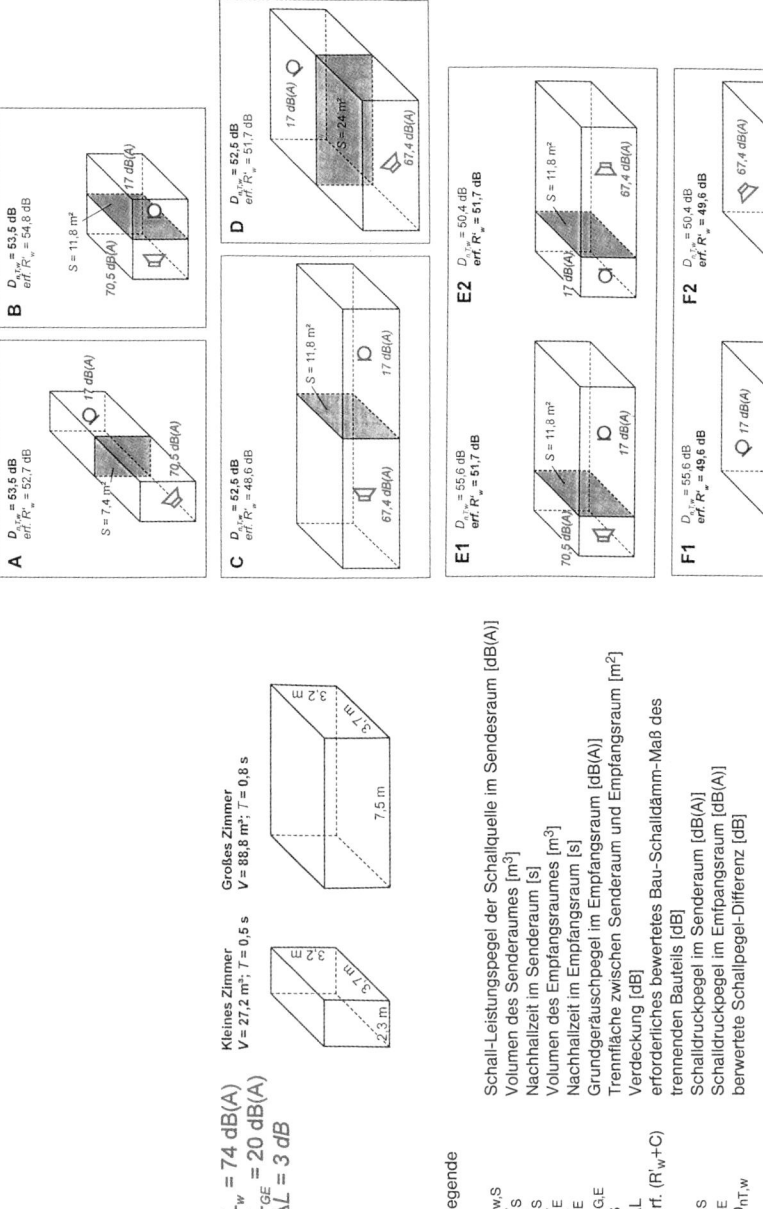

Bild 4.1 Beispiele verschiedener Raumgrößen und Raumzuordnungen und die daraus bei gleicher Schall-Leistung sich ergebenden Werte für $D_{nT,w}$ und $R'_{n,w}$

Tabelle 4.1 Berechnete Luftschallschutz- und Dämmwerte für die Beispiele nach Bild 4.1

Lfd. Nr.	Raum	Schallquelle	$L_{W/S}$ [dB(A)]	V_S [m³]	T_S [s]	V_E [m³]	T_E [s]	$L_{G,E}$ [dB(A)]	S [m²]	ΔL [dB]	L_S [dB(A)]	L_E [dB(A)]	$D = L_S - L_E$ [dB]	$D_{nT,w}$ [dB]	erf. $(R'_w + C)$ [dB]	$D_{nT,w} - R'_w$ [dB]
A	S: Zimmer klein E: Zimmer klein	angehobene Sprache	74	27,2	0,5	27,2	0,5	20	7,4	3	70,5	0,17	53,5	53,5	52,7	0,8
B	S: Zimmer klein E: Zimmer klein	angehobene Sprache	74	27,2	0,5	27,2	0,5	20	11,8	3	70,5	0,17	53,5	53,5	54,8	-1,2
C	S: Zimmer groß E: Zimmer groß	angehobene Sprache	74	88,8	0,8	88,8	0,8	20	11,8	3	67,4	0,17	50,4	52,5	48,6	3,9
D	S: Zimmer groß E: Zimmer groß	angehobene Sprache	74	88,8	0,8	88,8	0,8	20	24,0	3	67,4	0,17	50,4	52,5	51,7	0,8
E 1	S: Zimmer klein E: Zimmer groß	angehobene Sprache	74	27,2	0,5	88,8	0,8	20	11,8	3	70,5	0,17	53,5	55,6	51,7	3,9
E 2	S: Zimmer groß E: Zimmer klein	angehobene Sprache	74	88,8	0,8	27,2	0,5	20	11,8	3	67,4	0,17	50,4	50,4	51,7	-1,2
F 1	S: Zimmer klein E: Zimmer groß	angehobene Sprache	74	27,2	0,5	88,8	0,8	20	7,4	3	70,5	0,17	53,5	55,6	49,6	5,9
F 2	S: Zimmer groß E: Zimmer klein	angehobene Sprache	74	88,8	0,8	27,2	0,5	20	7,4	3	67,4	0,17	50,4	50,4	49,6	0,8

4.2 Welche Anforderungen sind angemessen und künftig zu berücksichtigen? 43

Tabelle 4.1 (Fortsetzung) Berechnung von erf. $R'_w + C$ aus $D_{nT,w}$ erf. $R'_w + C = D_{nT,w} - 10\lg(V_E/S) + 5$

Nr.	$D_{nT,w}$ [dB]	S [m²]	V_E [m³]	erf. $R'_w + C$ [dB]
A	53,5	7,4	27,2	52,7
B	53,5	11,8	27,2	54,8
C	52,5	11,8	88,8	48,6
D	52,5	24,0	88,8	51,7
E 1	55,6	11,8	88,8	51,7
E 2	50,4	11,8	27,2	51,7
F 1	55,6	7,4	88,8	49,6
F 2	50,4	7,4	27,2	49,6

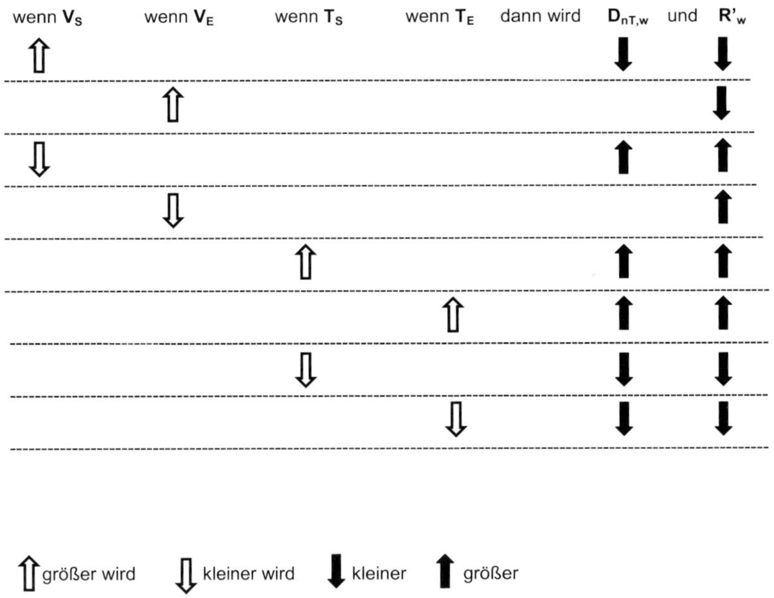

Bild 4.2 Änderungstendenz von $D_{nT,w}$ und R'_w durch Änderung der Volumina und Nachhallzeiten von Sende- und Empfangsraum

Bild 4.2 soll mit einem „Was-passiert-wenn-Schema" eine Hilfe für diejenigen sein, die sich erst einmal mit der etwas anderen Denkweise der „neuen Bauakustik" anfreunden müssen. Es zeigt, wie sich die erforderlichen Dämmwerte $D_{nT,w}$ und R'_w ändern, wenn sich die Volumina und Nachhallzeiten von Sende- und Empfangsraum vergrößern oder verkleinern.

4.2.3 Empfohlene Anforderungen an den Luftschallschutz

In Anbetracht der gegenwärtig (2011) unbestimmten Normungssituation sollten bei Wohnungsneu- oder Umbauten, wenn nach dem öffentlichen Baurecht der Schallschutz nachzuweisen ist, zumindest die Empfehlungen für erhöhten Schallschutz (es müsste Schalldämmung heißen) nach Beiblatt 2 der DIN 4109:1989 realisiert und nachgewiesen werden, siehe hierzu auch Abschnitt 4.2.1. Es sind dies für Wohnungstrenndecken und -trennwände nach Tabelle 3.3: $R'_w \geq 55$ dB in Mehrfamilienhäusern und $R'_w > 67$ dB für Haustrennwände zwischen Einfamilien-Reihen- und -Doppelhäusern.

Die zurzeit überarbeitete VDI-4100-Richtlinie hat einen Vorschlag der Verfasser aufgegriffen, auf der Grundlage des in Abschnitt 4.2.2 und Anhang 14 beschriebenen Verfahrens die drei Schallschutzstufen dieser Richtlinie neu zu definieren (s. Tabelle 4.2).

Mit den Basiswerten jeder der drei Schallschutzstufen wurden für 50 m³ große möblierte Räume mit 0,5 s Nachhallzeit (man könnte einen derartigen Raum als *wohnungsbauakustischen Referenzraum* bezeichnen) nach Gleichung (4.9) die erf. $D_{nT,w}$-Werte in der rechten Spalte der Tabelle 4.2 berechnet. Bei anderen Basiswerten dürfen die erf. $D_{nT,w}$-Werte jedoch die berechneten Werte nicht unterschreiten. Dies bedeutet beispielsweise, dass die begründeten Annahmen für einen der drei Basiswerte durch einen anderen Basiswert kompensiert werden können.

Beispiel

Die SSt II gilt bei einem Grundgeräuschpegel von 24 dB(A) auch noch für einen Schall-Leistungspegel bis 83 dB(A) oder der Mindestschallschutz wäre in einer ruhigen Vorortlage mit abendlichen Grundgeräuschpegeln innen von deutlich unter 20 dB(A) nicht erfüllt. Hierzu ist anzumerken, dass der Schall-Leistungspegel der angehobenen Sprache von $L_w = 73$ bis 75 dB(A) *eine jedem Bewohner zuzubilligende Sprechweise ist*, ohne dass dabei die Anonymität des Wohnens in Frage gestellt

Tabelle 4.2 Basiswerte und daraus resultierende erforderliche nachhallzeitbezogene Schallpegeldifferenzen der drei Schallschutz-Qualitätsstufen gemäß der von Moll vorgeschlagenen Berechnung [12a, b] für die Neufassung der VDI 4100 (in Überarbeitung, zurzeit noch Entwurf Frühjahr 2011)

Schall-schutz-Stufe	Schallschutz-Qualität	Angenommene Basiswerte der jeweiligen Schallschutzstufe			erf. $D_{nT,w}$	
		L_w	L_{GE}	ΔL	zwischen Wohnungen	zwischen Wohnungen und Treppenräumen bei Treppenraumwand mit Tür
SSt I	Mindestschallschutz	78 dB	20 dB	4 dB	56 dB	45 dB
SSt II	erhöhter Schallschutz	78 dB	20 dB	7 dB	59 dB	50 dB
SSt III	hoher Schallschutz	78 dB	18 dB	10 dB	64 dB	55 dB

HRSG.: DEUTSCHE GESELL-
SCHAFT FÜR GEOTECHNIK
E.V. (DGGT)

geotechnik

34. Jahrgang 2011
4 Ausgaben im Jahr
Head of Editorial Board:
Prof. Dr.-Ing. Jürgen Grabe
Editor-in-chief:
Dr.-Ing. Helmut Richter

Jahresabonnement – 4 Hefte
print € 48,–*
ISSN 0172-6145

print + online € 55,–*
ISSN 2190-6653

Seit 1978 erscheint die technisch-wissenschaftliche Fachzeitschrift **geotechnik** als Organ der Deutschen Gesellschaft für Geotechnik e.V. (DGGT). **Seit Januar 2011 wird sie beim Verlag Ernst & Sohn, Berlin, verlegt.** Die Zeitschrift behandelt das ganze Fachgebiet der Geotechnik und spiegelt so die Vielseitigkeit des Herausgebers wider.

Mitglieder der DGGT erhalten die Zeitschrift print und online.

Deutsche Gesellschaft für Geotechnik e.V.
German Geotechnical Society

HRSG.: ERNST & SOHN

UnternehmerBrief Bauwirtschaft

34. Jahrgang 2011
Chefredaktion:
Dr. jur. Günther Schalk

Erscheint monatlich

Jahresabonnement –
12 Hefte print + online
€ 192,–*
ISSN 1866-9328

Testabonnement –
3 Hefte print
€ 33,–*

Der **UnternehmerBrief Bauwirtschaft** versorgt Führungskräfte aus allen am Bau beteiligten Firmen ebenso wie Planer, Architekten und Sachverständige monatlich mit aktuellen Nachrichten aus den Bereichen Recht, Steuer, Baubetrieb und Technik. Neben aktuellen Urteilen und neuen Entwicklungen veröffentlicht der **UBB** auch praktische Tipps zur Unternehmensführung und zum Marketing.

HRSG.: CONRAD BOLEY,
KLAUS ENGLERT,
BASTIAN FUCHS,
GÜNTHER SCHALK

**Baurecht-Taschenbuch
Sonderbauverfahren
Tiefbau**

Technische Erläuterungen –
Rechtliche Lösungen

2010.
350 S. 144 Abb., 9 Tab., Gb.
€ 89,–*

ISBN: 978-3-433-02966-4

Das **Baurecht-Taschenbuch** ist Nachschlagewerk und Ratgeber für Sonderbauverfahren in Einem. Erläuterungen der rechtlichen Vorgaben, die das jeweilige Bauverfahren von der Planung über die Ausführung bis hin zur Abnahme begleiten, helfen Fehler auf allen Seiten und Streitigkeiten zu vermeiden. Autoren garantieren Praxisnähe.

Online-Bestellung: www.ernst-und-sohn.de

Ernst & Sohn
Verlag für Architektur und technische
Wissenschaften GmbH & Co. KG

Kundenservice: Wiley-VCH
Boschstraße 12
D-69469 Weinheim

Tel. +49 (0)6201 606-400
Fax +49 (0)6201 606-184
service@wiley-vch.de

FRANK | BAUAKUSTIK UND LAGERTECHNIK

Für Ruhe sorgen.
MIT BAUAKUSTISCHEN PRODUKTEN VON FRANK

/ Berücksichtigen Sie Schallschutz bereits bei der Gebäudeplanung!
/ FRANK liefert Ihnen dazu die passenden Produkte zur Absorption,
/ zur Entkopplung von Podesten und Treppenläufen und
/ zur elastischen Lagerung von Wänden und Decken.

Max Frank GmbH & Co. KG
Mitterweg 1 Tel. 09427 189-0 info@maxfrank.de
94339 Leiblfing Fax 09427 1588 www.maxfrank.de

PRODUKTE MIT DIBT-ZULASSUNG!

BUCHEMPFEHLUNG

2. neu gest. Auflage
2009. 126 Seiten
220 Abb. in Farbe
24 × 20 cm, Br.
€ 19,90* / sFr 32,–
ISBN: 978-3-433-02946-6

Schmidt, H. G.

Opa, was macht ein Bauschinör?
Die Geschichte von einer alten Brücke

Haben Sie schon einmal versucht, mit einfachen Worten zu erklären, was Statik ist? Eine phantasievolle Antwort gibt Heinz Günter Schmidt in dem vorliegenden Buch.

Der Bauingenieur erzählt seinen Enkeln und allen technisch interessierten Kindern (und Erwachsenen!) die Geschichte von einer Brücke: Die alte ist baufällig geworden, und nun muss eine neue geplant werden.

Was in der Planungs- und Bauzeit geschieht, hat H. G. Schmidt festgehalten und durch zahlreiche Zeichnungen und Fotos dokumentiert.

Sein Bautagebuch beantwortet in 13 Kapiteln von der Bodenuntersuchung und Baustelleneinrichtung über die Konstruktion, die Statik, den neuen Überbau bis zum Abbau der alten Brücke alle nur denkbaren Fragen.

Ob Sondierung oder Spannbeton, Schneidbrenner, Kabelschutzstein oder Zementmilch – der Autor erläutert Fachbegriffe und Verfahrensweisen so anschaulich, dass Kinderfragen beantwortet werden, Laien ein Bild vom Beruf des Bauingenieurs vermittelt bekommen und die „alten Hasen" ihren Spaß daran haben werden.

www.ernst-und-sohn.de

Ernst & Sohn
Verlag für Architektur und
technische Wissenschaften
GmbH & Co. KG

Für Bestellungen und Kundenservice:
Verlag Wiley-VCH, Boschstraße 12, 69469 Weinheim
Telefon: +49(0) 6201 / 606-400,
Telefax: +49(0) 6201 / 606-184,
E-Mail: service@wiley-vch.de

* € Preise gelten ausschließlich für Deutschland. Irrtum und Änderungen vorbehalten.

wird. Welche Anforderung an die Luftschalldämmung wäre also gegenwärtig zu erfüllen, wenn ein Wohnungsbau das Baugenehmigungsverfahren durchlaufen soll?

- Die Mindestanforderung DIN 4109:1989 kommt nicht in Betracht, weil sie nicht mehr als allgemein anerkannte Regel der Technik gilt, also auch juristisch nicht mehr haltbar ist.
- Der erhöhte Schallschutz nach Beiblatt 2 dieser Norm wäre ein Ausweg, allerdings mit dem Nachteil des nicht logisch begründbaren relativ geringen Abstandes der empfohlenen Dämmwerte zu den Mindestanforderungen. Auch bliebe der Schall*schutz*gedanke unberücksichtigt.
- Auf die neue DIN 4109 warten (?)
- VDI 4100:2007-08 wäre mit der SSt II ein gangbarer Weg, allerdings auch hier mit dem Nachteil, dass Dämmwerte anstelle der nachhallzeitbezogenen Anforderungen an den Schallschutz Basis der Schallschutzplanung wären.
- Die neue VDI 4100 wird voraussichtlich 2011 erscheinen und wäre die richtige Grundlage für die vertragliche Festlegung der gewünschten Schallschutzstufe.
- Die Planung und der Nachweis nach diesem Kapitel wäre auch ein richtiger Weg.

4.2.4 Empfohlene Anforderungen an den Trittschallschutz

Auch beim Trittschallschutz wird künftig die Anforderung nachhallzeitbezogen sein, ausgedrückt durch den höchstzulässigen *bewerteten Standard-Trittschallpegel* zul. $L'_{nT,w}$, aus dem dann der *bewertete Norm-Trittschallpegel* $L'_{n,w}$ berechnet wird.

Der zurzeit (2011) noch bearbeitete 2. Entwurf der neuen VDI 4100 sieht in Mehrfamilienhäusern folgende Höchstwerte des zulässigen bewerteten Standard-Trittschallpegels zul. $L'_{nT,w}$ gemäß Tabelle 4.3 vor.

Tabelle 4.3 enthält auch die nach Gleichung A 12.3 berechneten Dämmwerte zul. $L'_{n,w}$ für die Planung der Trittschalldämmung und die nach Gleichung A 13.2 berechneten Gehgeräuschpegel unter der Annahme eines Spektrum-Anpassungswertes $C_I = 2$ dB. Bei Holzbalkendecken mit der bekannt weniger guten Trittschalldämmung bei tiefen Frequenzen ist $C_I > 0$ dB, d. h. dass der unter der Decke beim Gehen zu hörende Pegel höher ist und Werte erreichen kann, die nicht mehr vom Grundpegel verdeckt werden.

Tabelle 4.3 Anforderungen an den Trittschallschutz nach Entwurf VDI 4100 für die drei Schallschutzstufen und daraus für den „Bauakustik-Referenzraum" (s. Abschnitt 4.2.3) berechnete zulässige bewertete Norm-Trittschallpegel und ungefähre Gehgeräuschpegel

Schall-schutzstufe	Anforderung zul. $L'_{nT,w}$		zul. $L'_{n,w}$ für den „Bauakustik-Referenzraum"		$L_{Geh,max}$ für den „Bauakustik-Referenzraum"	
	MFH	EFH	MFH	EFH	MFH	EFH
SSt I	≤51 dB	≤46 dB	≤53 dB	≤48 dB	≈33 dB(A)	≈28 dB(A)
SSt II	≤44 dB	≤39 dB	≤46 dB	≤41 dB	≈28 dB(A)	≈23 dB(A)
SSt III	≤37 dB	≤32 dB	≤39 dB	≤34 dB	≈23 dB(A)	≈18 dB(A)

4.2.5 Empfohlene Anforderungen an höchstzulässige Schallpegel der Technischen Gebäudeausrüstung (TGA)

Die Umstellung der Anforderungen auf nachhallzeitbezogene Größen erfolgt in den derzeit noch bearbeiteten Neufassungen der DIN 4109 und VDI-4100-Richtlinie auch für die in Aufenthaltsräume immittierten Schallpegel von Anlagen der Technischen Gebäudeausrüstung (TGA), also von haustechnischen Gemeinschaftsanlagen wie Heizung, Aufzüge etc. und Einzelanlagen in benachbarten Wohnungen, z. B. Wasser- und Abwasseranlagen.

Maßgebliche Größe des Schallschutzes bei diesen Anlagen ist der *maximale Standard-Schalldruckpegel* $L_{AFmax,nT}$ in dB(A).

Er ergibt sich aus dem im betroffenen Raum gemessenen A-Schallpegel $L_{AFmax,nT}$ der haustechnischen Anlage zu

$$L_{AFmax,nT} = L_{gemessen} - 10 \lg (T_E/T_0) \quad [dB] \tag{4.10}$$

mit der Bezugsnachhallzeit $T_0 = 0{,}5$ s.

Die alte Regelung nach DIN 4109:1989 sah einen Bezug des Messwertes auf eine Schallabsorptionsfläche von $A_0 = 10$ m^2 (s. Anhang 8) vor, was nicht selten ein praxisfremdes Ergebnis zur Folge hatte, meist zum Nachteil des betroffenen Gewerkes, welchen das in Anhang 8 enthaltene Beispiel zeigt.

Der Entwurf der VDI 4100 sieht für die drei Schallschutzstufen in Mehrfamilienhäusern folgende höchstzulässige Schallpegel nach Tabelle 4.4 vor:

Tabelle 4.4 Höchstzulässige Schalldruckpegel von TGA-Anlagen, die z. B. von Sanitärinstallationen benachbarter Wohnungen und von haustechnischen Gemeinschaftsanlagen wie z. B. Aufzügen, Heizungs- und Lüftungsanlagen etc. in schutzbedürftige Aufenthaltsräume immittiert werden, nach VDI 4100, Entwurf Frühjahr 2011

Stufe	$L_{AFmax,nT}$
SSt I	≤ 30 dB(A)
SSt II	≤ 27 dB(A)
SSt III	≤ 24 dB(A)

Die Werte der SSt II und besonders die der SSt III gewährleisten normalerweise einen ausreichenden Schallschutz. In besonders ruhigen Wohnlagen mit niedrigen Grundgeräuschpegeln sollte jedoch die SSt III erfüllt werden.

4.2.6 Besondere Anforderungen an den Schutz gegen tieffrequenten Lärm

Falls Wohnungen mit hohen Ansprüchen an den Schallschutz in der Nähe von unter- oder oberirdischen Bahnstrecken errichtet werden, empfiehlt es sich, zum Schutz gegen tieffrequente Geräusche in keinem der Wohnräume und sonstigen schutzbedürftigen Räumen der Wohnung die Werte der Tabelle 4.5 aus

Tabelle 4.5 Tieffrequente Störschallpegel, die in Wohnungen mit hohem Schallschutzanspruch nicht überschritten werden sollten. Die Tabellenwerte entsprechen für $f \geq 20$ Hz den Werten der Hörschwellenkurve nach DIN 45630-2 bei den jeweiligen Terzmittenfrequenzen, darunter nach Literaturangaben

Terzfrequenz [Hz]	Hörschwellenpegel L_{HS} [dB]
8	103
10	95
17,5	87
16	79
20	71
25	63
31,5	55
40	48
50	40,5
63	33,5
80	28
100	23,5

DIN 45680:1997 „Messung und Bewertung tieffrequenter Geräuschimmissionen in der Nachbarschaft" zu überschreiten. Hierbei sollten auch Flure, Küchen etc. einbezogen werden, weil sich tieffrequente Störgeräusche leichter ausbreiten als höherfrequente. Die innerbaulich entstehenden tieffrequenten Schallstörungen liegen meist im Frequenzbereich zwischen 50 und 100 Hz. Sie sind häufig konstruktionsbedingt und auf Resonanzen bei zweischaligen Bauteilen zurückzuführen. Typische Beispiele: Barfuss auf schwimmendem Estrich gehende schwergewichtige Personen, leichte Massivwände mit Vorsatzschalen, besonders wenn nebenan der Nachbar laut bassbetonte Musik hört etc.

HRSG.: K. BERGMEISTER,
J.-D. WÖRNER,
F. FINGERLOOS (SEIT 2009)

Beton-Kalender 2011
Schwerpunkte: Kraftwerke, Faserbeton

2010.
1372 S., 931 Abb., 325 Tab. Gb.
ca. € 165,– *
Fortsetzungspreis:
ca. € 145,– *
ISBN 978-3-433-02954-1

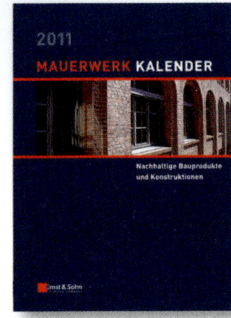

HRSG.: W. JÄGER (AB 2007)
H.-J. IRMSCHLER, P.SCHUBERT,
W. JÄGER (BIS 2006)

Mauerwerk-Kalender 2011
Schwerpunkte: Nachhaltige Bauprodukte und Konstruktionen

2011.
657 S., 439 Abb., 182 Tab., Gb.
€ 135,– *
Fortsetzungspreis:
€ 115,– *
ISBN 978-3-433-02956-5

■ Der Beton-Kalender bietet seit 100 Jahren umfangreiches Fachwissen, präsentiert in übersichtlicher und praxistauglicher Form. Beiträge aus Praxis und Wissenschaft, Details, Normen – kompaktes Wissen zu jedem Thema!

■ Jährliche Schwerpunkte:
2003 – Hochhäuser, Geschossbauten
2004 – Brücken, Parkhäuser
2005 – Fertigteile, Tunnel
2006 – Turmbauwerke, Industriebauten
2007 – Verkehrsbauten, Flächentragwerke
2008 – Konstr. Wasserbau, Erdbebensicheres Bauen
2009 – Aktuelle Massivbaunormen, Konstr. Hochbau
2010 – Brücken, Betonbau im Wasser

■ Für die Bemessung und Ausführungsplanung schadenfreier Konstruktionen geben namhafte Bauingenieure praxisgerechte Hinweise rund ums Mauerwerk.

■ Beitragsreihen:
Schadenfreies Konstruieren / Instandsetzung / Genauere Bemessung nach dem Teilsicherheitskonzept / Beispiele / Mauerwerkkonstruktionen

■ Jährliche Schwerpunkte:
2007 – Eurocode 6, Ertüchtigung
2008 – Abdichtung und Instandsetzung, Lehmmauerwerk
2009 – Ausführung von Mauerwerk
2010 – Normen für Bemessung und Ausführung

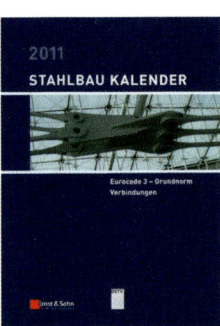

HRSG.: U. KUHLMANN

Stahlbau-Kalender 2011
Schwerpunkte: Eurocode 3 – Grundnorm, Verbindungen

2011.
685 S., 45 Abb., Gb.
ca. € 135,– *
Fortsetzungspreis:
ca. € 115,– *
ISBN 978-3-433-02955-

HRSG.: N. A. FOUAD (AB 2006)
E. CZIESIELSKI (BIS 2005)

Bauphysik-Kalender 2011
Schwerpunkt: Brandschutz

2011.
6 8 S., 365 Abb.,
233 Tab., Gb.
€ 135,– *
Fortsetzungspreis:
€ 115,– *
ISBN 978-3-433-02965-7

■ Der Stahlbau-Kalender dokumentiert und kommentiert den aktuellen Stand des deutschen Stahlbau-Regel-werkes. Herausragende Autoren vermitteln Grundlagen und geben praktische Hinweise für Konstruktion und Berechnung.

■ Jährliche Schwerpunkte:
2004 – Schlanke Tragwerke
2005 – Verbindungen
2006 – Dauerhaftigkeit
2007 – Werkstoffe
2008 – Dynamik, Brücken
2009 – Stabilität
2010 – Verbundbau

■ Ein Kompendium praxisgerechter Lösungen für Konstruktion, Berechnung und Nachweisführung des Wärme- und Feuchteschutzes sowie des Brand- und Schallschutzes. Normen, Kommentare, Beispiele und Details runden die Titel ab.

■ Jährliche Schwerpunkte:
2003 – Schimmelpilze in Gebäuden
2004 – Zerstörungsfreie Prüfungen in Gebäuden
2005 – Nachhaltiges Bauen und Bauwerksabdichtungen
2006 – Brandschutz
2007 – Gesamtenergieeffizienz von Gebäuden
2008 – Bauwerksabdichtung
2009 – Schallschutz und Akustik
2010 – Energetische Sanierung von Gebäuden

Ernst & Sohn
Verlag für Architektur und technische
Wissenschaften GmbH & Co. KG

Kundenservice: Wiley-VCH
Boschstraße 12
D-69469 Weinheim

Tel. +49 (0)6201 606-400
Fax +49 (0)6201 606-184
service@wiley-vch.de

5 Bauweisen und Schallschutz

5.1 Übliche Massivbauweise

Unter diesem Begriff wird im Bereich der Bauakustik die Bauweise verstanden, deren Einzelheiten der alten DIN 4109 mit den Beiblättern 1 und 2 zugrunde liegen, also neben Vollbetondecken und -wänden auch Systeme mit Hohlräumen oder homogene Materialien geringer Rohdichte, wie Gas- oder Porenbeton. Stahlbetonwände oder gemauerte Wände aus Kalksand- oder Ziegelsteinen hoher Rohdichte ermöglichen horizontal eine ausreichende Luftschalldämmung, ebenso lotrecht Vollbetondecken, die jedoch wegen der erforderlichen Trittschalldämmung meist schwimmende Estriche erhielten, die auch die vertikale Luftschalldämmung verbesserten, aber nur soweit, wie es die Flankenübertragung über die meist leichten biegesteifen Zwischenwände zuließ. Mit dieser in den letzten Jahrzehnten üblichen Massivbauweise lassen sich im Regelfall R'_w-Werte bis 58 dB für Wände und bis 60 dB für Decken erzielen.

5.1.1 Einschalige schwere Massivwände

Einschalige schwere Massivwände sind das statische und bauakustische Rückgrat eines schalltechnisch guten Wohnhauses. Sie bestehen aus Ortbeton bzw. vorgefertigten großformatigen Betontafeln, aus Mauerwerk, nass geputzt oder aus vollfugig gemauertem Sichtmauerwerk mit verstrichenen Fugen. Auch Wände aus Platten oder Steinen aus Leicht- oder Porenbeton, ggf. mit einem porenschließenden Putz bzw. Verstrich, fallen in diese Gruppe, allerdings sind ihrer Eignung für wirklich gut schalldämmende Konstruktionen naturgemäß wegen der geringen Rohdichte und der hohen Biegesteifigkeit Grenzen gesetzt. Genaue Angaben zur Berechnung der $R_{w,R}$-Werte der verschiedenen Schwer- und Leichtbaustoffe wird der Bauteilkatalog (Blatt 3 der in Arbeit befindlichen neuen DIN 4109) enthalten. Annähernd ergibt sich zwischen m' und $R_{w,R}$ nach Gleichung (5.1) folgender ungefährer Zusammenhang:

$$R_{w,R} \approx 31 \cdot \lg(m') - 22 \quad [\text{dB}] \tag{5.1}$$

Die Tabelle 5.1 enthält beispielhaft danach berechnete $R_{w,R}$-Werte für drei im Hochbau häufig verwendete Wände.

Tabelle 5.1 Beispiele von Rechenwerten des bewerteten Schalldämm-Maßes $R_{w,R}$, berechnet nach Gleichung (5.1)

Wand	m' [kg/m²]	$R_{w,R}$ [dB]
20 cm bewehrter Sichtbeton, Rohdichteklasse 2,4	480	≈ 61
24 cm verputzte KSV-Wand, Rohdichteklasse 1,6	410	≈ 59
11,5 cm verputzte Ziegelwand, Rohdichteklasse 1,6	184	≈ 48

Gegenüber den R'_w-Werten der Kurve a in Bild 2.2 sind diese Tabellenwerte höher, weil in den $R_{w,R}$-Werten der dämmvermindernde Einfluss der Flankenwege noch nicht enthalten ist.

Die Schalldämmung von Massivwänden hängt in gewissen Grenzen auch vom Material ab. So ergeben sich für Leichtbeton, Porenbeton, Lochsteine, Verfüllsteine u. dgl. für $R_{w,R}$ Berechnungsformeln, die von den Berechnungsergebnissen nach Gleichung (5.1) etwas abweichen, sodass für eine genaue Planung die Veröffentlichung des Bauteilkataloges (DIN 4109, Teil 3 neu) abgewartet werden sollte.

Die Spektrum-Anpassungswerte (s. Anhang 13) einschaliger biegesteifer Massivwände betragen in der Regel $C \approx -2$ dB und $C_{tr} \approx -5$ dB.

5.1.2 Zweischalige schwere Massivwände (Haustrennwände)

Mit Wänden aus zwei schweren Massivschalen, die bis zur Bodenplatte/Fundament/Erdreich durch eine Fuge voneinander getrennt sind, können wesentlich bessere Schalldämm-Maße erzielt werden, als mit einer gleichschweren Einfachwand. Hauptanwendungsbereich für diese Bauart sind die Trennwände zwischen Einfamilien-Reihen- und -Doppelhäusern. Die verbesserte Schalldämmung wird nicht nur beim Luftschall, sondern auch beim horizontal und diagonal von Haus zu Haus zu dämmenden Tritt- und Installationsschall erreicht.

Die Fuge zwischen beiden Wandschalen muss mindestens 30 mm breit und absolut schallbrückenfrei sein. Sie ist mit ausreichend festen und für diesen Anwendungszweck geeigneten Mineralfaserplatten (z. B. Typ WTH) dichtstoßend auszufüllen. Die Herstellung einer nicht mit Mineralfaserplatten oder gleichwertig ausgefüllten, sondern stattdessen mit Lehren hergestellten Fuge, ist auch bei etwas breiteren Fugen wegen der Gefahr von Schallbrücken durch „Quetschmörtel" nicht zu empfehlen.

Das bewertete Schalldämm-Maß $R'_{w,R}$ derartiger Wände wird nach dem künftigen Bauteilkatalog in folgenden Schritten berechnet:

– Es wird die Summe der flächenbezogenen Massen beider Schalen $m'_{ges} = m'_1 + m'_2$ einschließlich Putz ermittelt.
– Aus der Gesamtmasse m'_{ges} wird das bewertete Schalldämm-Maß $R_{w,1}$ einer gleich schweren einschaligen Wand berechnet.

5.1 Übliche Massivbauweise

Tabelle 5.2 Zur Bestimmung der Schalldämmung zweischaliger Haustrennwände mit durchgehender Trennfuge, in Anlehnung an den zurzeit (2011) erarbeiteten Bauteilkatalog (DIN 4109, Teil 3 neu).

Wandaufbau	Bodenplatte/ Fundament Außenwände	Bauliche Situation	$R'_{w,2}$ der Wand zwischen den Räumen in
zwei biegesteife massive Wandschalen mit den flächenbezogenen Massen m'_1 und m'_2 und ≥30 mm schallbrückenfreier Fuge, ausgefüllt mit geeigneten Mineralfaserplatten Typ WTH; flächenbezogene Masse der Gesamtwand $m'_{ges} \approx m'_1 + m'_2$ kg/m². Als einschalige Wand ergäbe sich annähernd $R_{w,1} \approx 31\,\lg(m'_{ges}) - 22$ dB	durchgehende Bodenplatte mit m' ≥ 575 kg/m², Außenwände getrennt	Ebene 1 und höher / Ebene 0 / Erdreich	**Ebene 1 und höher** $R'_{w,2} \approx R_{w,1} + 12$ dB **Ebene 0** $R'_{w,2} \approx R_{w,1} + 6$ dB
	Bodenplatte mit Fuge, A: ohne Fundament B: mit gemeinsamen Fundament Außenwände getrennt	Ebene 1 und höher / Ebene 0 / Fundament / Erdreich	**Ebene 1 und höher** $R'_{w,2} \approx R_{w,1} + 12$ dB **Ebene 0 und höher** ohne Fundament $R'_{w,2} \approx R_{w,1} + 9$ dB mit gemeinsamen Fundament $R'_{w,2} \approx R_{w,1} + 6$ dB

– $R_{w,1}$ wird mit zwei Korrektursummanden K_1 und K_2 ergänzt, sodass sich die Dämmung $R_{w,2}$ der zweischaligen Massivwand zu $R_{w,2} = R_{w,1} + \Delta R_{zweischalig} + \Delta R_{Flanke}$ ergibt.
– $\Delta R_{zweischalig}$ berücksichtigt die durch die Fuge bedingte bessere Dämmung. Die Werte betragen je nach der baulichen Situation, d. h. Lage der Räume und der Flankendämmung im Bereich der Bodenplatten bzw. des Fundamentes, etwa 6 bis 12 dB, (s. hierzu Tabelle 5.2).
– ΔR_{Flanke} berücksichtigt den Einfluss der Flankenübertragung, z. B. wenn die Außenwände die Gebäudetrennfuge überbrücken, d. h. nicht auch durch eine Fuge unterbrochen werden. Dies blieb jedoch in den Beispielen der Tabelle 5.2 unberücksichtigt, zumal diese Korrekturen üblicherweise gering sind.

Tabelle 5.2 verdeutlicht, dass zwischen den Räumen der untersten Ebene 0 die Schalldämmung bei durchgehender Bodenplatte oder gemeinsamem Fundament weniger gut ist als in den darüber liegenden Geschossen. Eine weitere Beeinträchtigung der Schalldämmung durch Flankenübertragung tritt ein, wenn die flankierenden Außenwände nicht auch durch eine Fuge in Höhe der Trennwandfuge unterbrochen sind.

Auch bei Einfamilien-Reihen- und Einfamilien-Doppelhäusern stellt sich die Frage nach der angemessenen Höhe des Schallschutzes und der sich daraus ergebenden Schalldämmung. Bislang wurden in DIN 4109 und VDI 4100 deutlich höhere

Schalldämmwerte und damit auch ein höherer Schallschutz als im Geschosswohnungsbau gefordert. Dafür gibt es mehrere Gründe:

- So findet man diesen Wohnhaustyp weniger in den lauteren städtischen Kernbereichen, sondern eher in ruhigen Stadtrandgebieten, wo ein Maskierungspegel kaum vorhanden oder zumindest deutlich niedriger ist. Ausnahmen sind Bebauungen dieser Art, die nachträglich durch neu gebaute Schnellstraßen belastet werden.
- In diesem Wohnungstyp nimmt man die Geräusche seines Nachbarn deutlicher als im Geschosswohnungsbau wahr, weil der Störschall meist nur aus einer Richtung, von links oder rechts, selten aus beiden Richtungen gleichzeitig wahrgenommen wird, im Gegensatz zu einem Mehrfamilienhaus, in dem die Immissionen aus mehreren Wohnungen zu einem Grundpegel mit geringerem Informationsgehalt verschmelzen.
- Schließlich ist zu bedenken, dass es die hier beschriebenen gut schalldämmenden Haustrennwände noch nicht so lange wie diesen Haustyp gibt, denn früher waren zwischen diesen Häusern nur einschalige Wände üblich, deren geringe Dämmung schließlich die Ursache für das Aufkommen gut dämmender Doppelwände war. Allerdings wurde die Freude über die Dämmfähigkeit dieser Wände allzu oft durch Schallbrücken zwischen beiden Schalen getrübt, was nicht nur viele Gerichtsverfahren, sondern auch ein lukratives Geschäft für Firmen zur Folge hatte, die sich auf das Aufsägen der mit Schallbrücken behafteten Haustrennfugen spezialisiert hatten.

Eine Sonderstellung nehmen neuerdings die vorwiegend im Stadtinneren gebauten *Townhouses* ein. Dieser Wohnungstyp ist charakterisiert durch meist sehr schmale und tiefe Wohnräume und daher durch große Trennflächen zu den Nachbarn, sodass trotz des ggf. höheren Grundgeräuschpegels hinsichtlich der Schalldämmung die ganze Palette bauakustischer Möglichkeiten gefragt ist. Die ebenfalls schmalen Freiflächen hinter den Townhouses fördern in der warmen Jahreszeit die Kommunikation zwischen den Nachbarn, jedoch nicht immer zu deren Zufriedenheit. Ähnlich ist diese Situation auch bei Reihen- und Doppelhäusern.

Durch die Umstellung von den Dämmwerten R'_w und $L'_{n,w}$ auf die nachhallzeitbezogenen Schallschutzgrößen $D_{nT,w}$ und $L'_{nT,w}$ ist für die zu stellenden neuen Schallschutzanforderungen eine andere Situation entstanden. Folgt man der im Abschnitt 4.2 dieses Buches begründeten Betrachtungsweise, so wäre der richtige Ansatz für die analytische Herleitung der Schallschutzanforderung für in ruhig gelegenen Einfamilien-Reihen- und Doppelhäusern die Annahme eines besonders niedrigen Grundgeräuschpegels bei sonst gleichen Basiswerten. Angemessen wäre hier ein

Tabelle 5.3 Empfohlene Schallschutzanforderungen für Einfamilien-Doppel- und Einfamilien-Reihenhäuser nach E VDI 4100, Entwurf Frühjahr 2011

Schallschutz-Stufe	Schallschutz-Qualität	erf. $D_{nT,w}$	zul. $L'_{nT,w}$	$L_{AFmax,nT}$
SSt I	Mindestschallschutz	≥65 dB	≤46 dB	≤30 dB(A)
SSt II	erhöhter Schallschutz	≥69 dB	≤39 dB	≤25 dB(A)
SSt III	hoher Schallschutz	≥73 dB	≤32 dB	≤22 dB(A)

Wert von L_{GE} = 15 dB(A), sodass die aus den Anforderungen bzw. Empfehlungen zum Schallschutz im Geschosswohnungsbau abgeleiteten Anforderungen für Einfamilien-Reihen- und Doppelhäuser wie in Tabelle 5.3 dargestellt lauten könnten.

5.1.3 Leichte Massivwände

Unter leichten Massivwänden versteht man plattenförmige oder großformatige homogene Bauteile aus Leichtbeton, Porenbeton, Gips o. Ä. und gemauerte und ggf. verputzte Wände aus Voll- oder Lochsteinen, deren Dicken i. Allg. ≈ 7 bis 10 cm und deren flächenbezogene Masse $m' \approx$ 40 bis 100 kg/m^2 betragen.

Die bauakustischen Merkmale dieser Wände sind ihre relativ geringe Rohdichte und ihre hohe Biegesteifigkeit, also ihr großes Verhältnis von Biegesteifigkeit zur Masse, sodass sie auch kurz als „biegesteif" bezeichnet werden. Die akustische Folge ist eine starke Verminderung der Schalldämmung durch die im wichtigen mittleren Frequenzbereich liegende Koinzidenz- oder Grenzfrequenz f_c. Dieser Vorgang ist näher im Anhang 10 erklärt. Ein typisches Messergebnis hierzu, gemessen an einer Zimmertrennwand aus 80 mm Gipsdielen, zeigt Bild 2.3 in Kapitel 2 mit einer mitten im Sprachfrequenzbereich liegenden berechneten Grenzfrequenz von $f_c \approx$ 420 Hz, bei der die Dämmung besonders gering, also die Schallabstrahlung hoch ist. Nach [20] lässt sich jedoch nicht nur die Flankendämmung, sondern auch die Direktdämmung von 80 oder 100 mm dicken *massiven Gips-Wandbauplatten* durch Entkopplung von den flankierenden Massivbauteilen mit Dämmstreifen aus Bitumenfilz, PE oder Kork deutlich verbessern, sofern deren Wirkung nicht durch Überputzen beseitigt wird.

Nun wird wohl niemand biegesteife Leichtwände als Trennwände zwischen Räumen mit hohem Schallschutzanspruch vorsehen, es sei denn, sie erhalten eine schalldämmende Vorsatzschale (s. Abschnitt 5.2.1), aber auch dafür gibt es bessere Möglichkeiten, z. B. schwere Massivwände oder Trockenbauwände (s. Abschnitt 5.2.3).

Der schwerwiegende Nachteil dieser leichten Massivwände ist aber ihre Flankenübertragung, (s. Bild 2.1, Wege Df und Ff), wenn sie als Zimmertrennwände fest zwischen den Rohdecken eingebaut werden, was bei der Mehrzahl der Wohnungen im Bestand und selbst gegenwärtig in vielen Wohnungsneubauten noch so ist. Ob die zuvor erwähnte Möglichkeit der schalltechnischen Verbesserung mit allseitig an den Rändern durch Dämmstreifen entkoppelten massiven Gips-Wandbauplatten ein Weg zum besseren Schallschutz ist, muss die Baupraxis erweisen.

5.1.4 Massivdecken

Hierunter werden auch in diesem Buch folgende massive Rohdeckenarten ohne Oberdecken, Deckenauflagen und Unterdecken verstanden:

– Stahlbetonplattendecken (Ortbetondecken oder Fertigteilplatten oder eine homogene Kombination aus beidem),
– Porenbeton-Deckenplatten,
– Stahlbetonhohldielen und -platten aus Schwer- oder Leichtbeton,
– Stahlsteindecken mit Deckenziegeln,

- Stahlbeton-Rippen- und -Balkendecken mit Zwischenbauteilen,
- Stahlbetonbalkendecken ohne Zwischenbauteile,
- π-Plattendecken (m' wird nur für die Platte ohne Stege ermittelt).

Die *Luftschalldämmung* dieser Massiv-Rohdecken wird aus der flächenbezogenen Masse m' in kg/m², überschlägig nach folgender Gleichung berechnet:

$$R_{w,\text{Rohdecke}} \approx 31 \cdot \lg(m') - 22 \quad [\text{dB}] \tag{5.2}$$

Für Leicht- und Porenbeton ergeben sich nach Labormessungen mit ca. 2 dB etwas höhere Werte, hier sollte der Bauteilkatalog der neuen DIN 4109 abgewartet werden. Werden die Rohdecken mit einem schwimmenden Boden oder einer biegeweichen Unterdecke versehen, so erhöht sich die Luftschalldämmung um ca. 4 dB. Wird ein schwimmender Estrich und eine biegeweiche Unterdecke gemeinsam vorgesehen verbessert sich die Luftschalldämmung um ca. 7 dB (DIN 4109:1989, Beiblatt 1, Tabelle 12).

Die *Trittschalldämmung* dieser Rohdecken reicht i. Allg. nicht aus, um ohne einen trittschalldämmenden oberen Deckenaufbau ausreichende Werte zu erreichen. Benötigt wird also auf der Decke ein aus *Oberdecke* und *Deckenauflage* bestehender Aufbau mit einer wirksamen Trittschalldämmung, die durch die *bewertete Trittschallminderung* ΔL_w (früher „Trittschallverbesserung") quantitativ gekennzeichnet wird. Diese oberhalb der konstruktiven Decke liegenden Bestandteile eines fertigen Deckenaufbaues werden in den Normen und in der Fachliteratur üblicherweise als *Deckenauflage* bezeichnet, die i. Allg. aber aus mehreren Komponenten besteht, sodass es zweckmäßig ist, diesen Begriff auf die begehbare Oberfläche (z. B. Teppich, Linoleum, Parkett) zu beschränken und die Schichten darunter bis zur Rohdecke, also Estriche, Unterböden aus Holzwerkstoffen etc. *Oberdecke* in Analogie zum Begriff der Unterdecke zu nennen. Die Tabelle 5.4 enthält einige Werte der Trittschallminderung $\Delta L_{w,R}$ von Oberdecken (OD) und Deckenauflagen (DA) gebräuchlicher Konstruktionen. Zu beachten ist, dass die $\Delta L_{w,R}$-Werte von Oberdecke und Deckenauflage nicht addiert werden können. So beträgt z. B. die Trittschallminderung eines Teppichs mit $\Delta L_{w,R} = 20$ dB auf einem schwimmendem Estrich mit $\Delta L_{w,R} = 30$ dB nicht etwa 50 dB, sondern nur 34 dB. Massivdecken mit schwimmenden Estrichen zu belegen ist die wohl am häufigsten angewendete Bauweise um eine ausreichende Trittschalldämmung für übliche Massiv-Rohdecken zu erreichen. Trotz des bauakustischen Vorteils, dass schwimmende Estriche auch die Luftschalldämmung verbessern, ist diese bauakustische Maßnahme alles andere als unproblematisch und zwar aus zwei Gründen: Zum einen sind dämmvermindernde Schallbrücken, besonders bei der Randausbildung von Fliesen- und Parkettböden, an Bodeneinläufen etc. fast die Regel und zum anderen neigen schwimmende Böden als Folge ihrer niedrigen Resonanzfrequenz unter 100 Hz zu dröhnendem Trittschall und lautem Gehschall, s. auch Bild 2.7.

Um die Trittschalldämmung einer Massivdecke mit OD und DA berechnen zu können, muss zunächst ein äquivalenter bewerteter Norm-Trittschallpegel $L_{n,w,eq}$ (quasi die Trittschaldämmung der Rohdecke) bestimmt werden

$$L_{n,w,eq} = 164 - 35 \cdot \lg(m') \quad [\text{dB}] \tag{5.3}$$

5.1 Übliche Massivbauweise

Tabelle 5.4 Übliche Rechenwerte der Trittschallminderung $\Delta L_{w,R}$ von Oberdecken (OD) und Deckenauflagen (DA) auf Massivdecken (Richtwerte). Für eine genaue Planung sind die entsprechenden Werte der DIN-Tabellen oder Prüfungszeugnisse maßgebend

Bezeichnung	Art	$\Delta L_{w,R}$ [dB]
OD 1	Verbundestrich, Steinzeugböden auf Rohdecke	≤ 3
OD 2	Estrich auf Trennlage (ohne Lufteinschlüsse zwischen Trennlage und Rohdecke)	≤ 3
OD 3	Schwimmende Estriche ($m' \approx$ 50 bis 80 kg/m² und $s' \approx$ 10 bis 50 MN/m³)	25 bis 35
OD 4	Holzfußboden auf mit Gummischrot unterlegten Lagerhölzern, dazwischen hohlraumfüllend Mineralwolle	25 bis 27
OD 5	Holz-Montagefußböden mit integrierter Trittschalldämmschicht aus Mineral- oder Holzfaserplatten	≤ 30
DA 1	Gummibeläge/Porengummi	9 bis 13/24
DA 2	Bahnenbeläge aus Linoleum, PVC u. Ä. ohne Unterlage; Laminat	2 bis 10
DA 3	wie vor, jedoch auf dünner trittschalldämmender Unterlage	13 bis 17
DA 4	Korklinoleum, Korkparkett	12 bis 20
DA 5	Parkett auf trittschalldämmenden Platten	6 bis 28
DA 6	Sisal- oder Kokosfaserläufer	17 bis 22
DA 7	Teppiche und Textilbeläge ohne dämmende Unterlage, verklebt	19 bis 25
DA 8	Spannteppich auf Waffelhaarfilz	25 bis 30

mit dem sich dann für die *Trittschalldämmung der Fertigdecke* zwischen dem Senderaum und dem darunter liegenden Empfangsraum folgender *Rechenwert des bewerteten Norm-Trittschallpegel* ergibt:

$$L'_{n,w,R} = L_{n,w,eq,R} - \Delta L_{w,R} \quad [dB] \tag{5.4}$$

Beispiel (s. auch Bild 5.1)

180 mm Stahlbetonplattendecke, $m' = 432$ kg/m²,

$R_{w,R,Rohdecke} = 60$ dB nach Gleichung 5.2

$R'_{w, Rohdecke+schw.Boden} = 60 + 4 = 64$ dB (gemessen $R'_w = 64$ dB)

$L'_{n,w,eq} = 164 - 35 \lg 432 = 72$ dB

$\Delta L_{w,R} = 26$ dB

$L'_{n,w,R} = 72 - 26 = 46$ dB (gemessen 47 dB)

Die in Bild 5.1 gezeigte Deckenkonstruktion könnte man als *Standard-Decke des gehobenen Wohnungsbaus* bezeichnen.

Die gemessenen Dämmwerte entsprechen beim Trittschall beinahe (bis auf 1 dB) der SSt II nach VDI 4100:2007 (s. Tabelle 3.3) und die Luftschalldämmung genügt mit $R'_w = 64$ dB sogar der SSt III. Dieses Messergebnis ist kein Einzelfall und eher

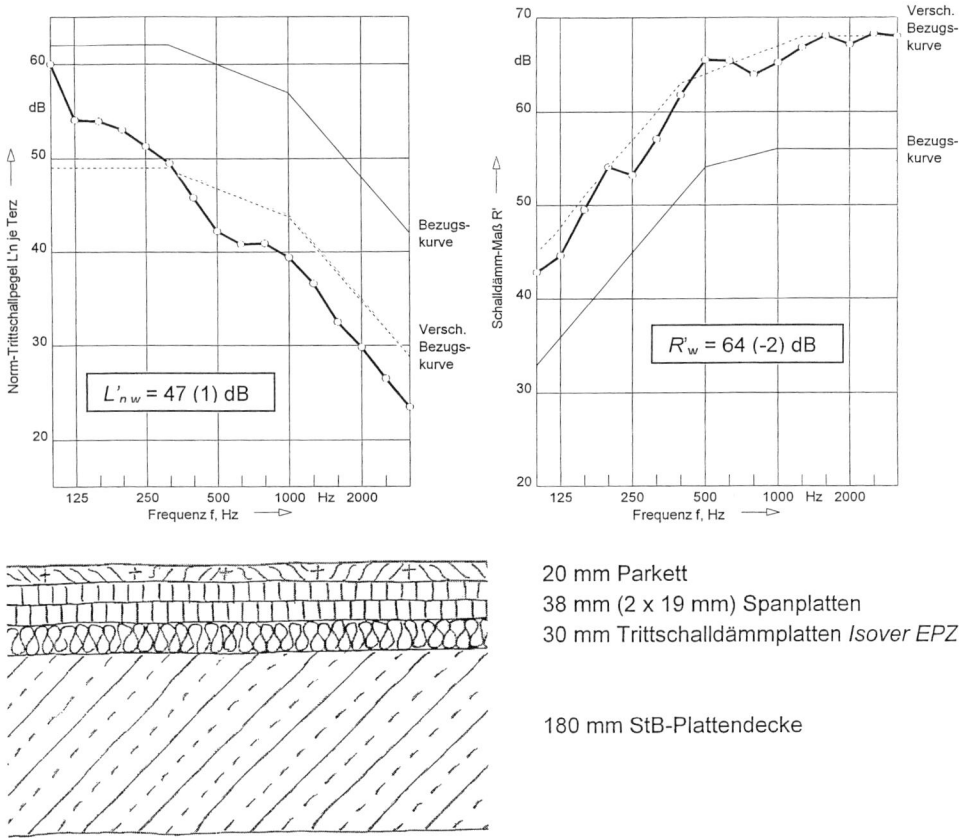

Bild 5.1 Tritt- und Luftschalldämmung einer SB-Plattendecke mit schwimmendem Parkettbelag, Baumessung mit geringer Flankenübertragung

typisch für heute übliche Wohnungstrenndecken und Bauweisen. Es unterstreicht die Bemühungen erfahrener Bauakustiker, nach fast 65-jährigem Stillstand in der Normung der DIN-4109-Anforderungen endlich einem bauakustischen Schallschutzniveau für den Wohnungsbau zuzustimmen, das nicht nur dem gewachsenen Bedürfnis weiter Bevölkerungskreise, sondern auch der sich verfestigenden Rechtsprechung genügen würde und überdies auch mit normalem bautechnischen Aufwand erreichbar ist.

5.1.5 Luft- und Trittschall-Flankenübertragung bei Massivdecken

Das um 90° nach rechts gedreht gedachte Bild 2.1 aus Kapitel 2 veranschaulicht, dass die Luftschalldämmung von Massivdecken durch die Flankenübertragungen Ff entlang massiver Bauteile und Df entlang der leichten biegesteifen massiven Zimmertrennwände begrenzt wird. Der Weg Df ist die Hauptursache für die Begrenzung des Luftschallschutzes zwischen Wohnungen. Wird dieser Weg ausgeschaltet, z. B. durch Trockenbau-Zimmertrennwände oder durch einen von der Decke ent-

5.2 Trockenbau

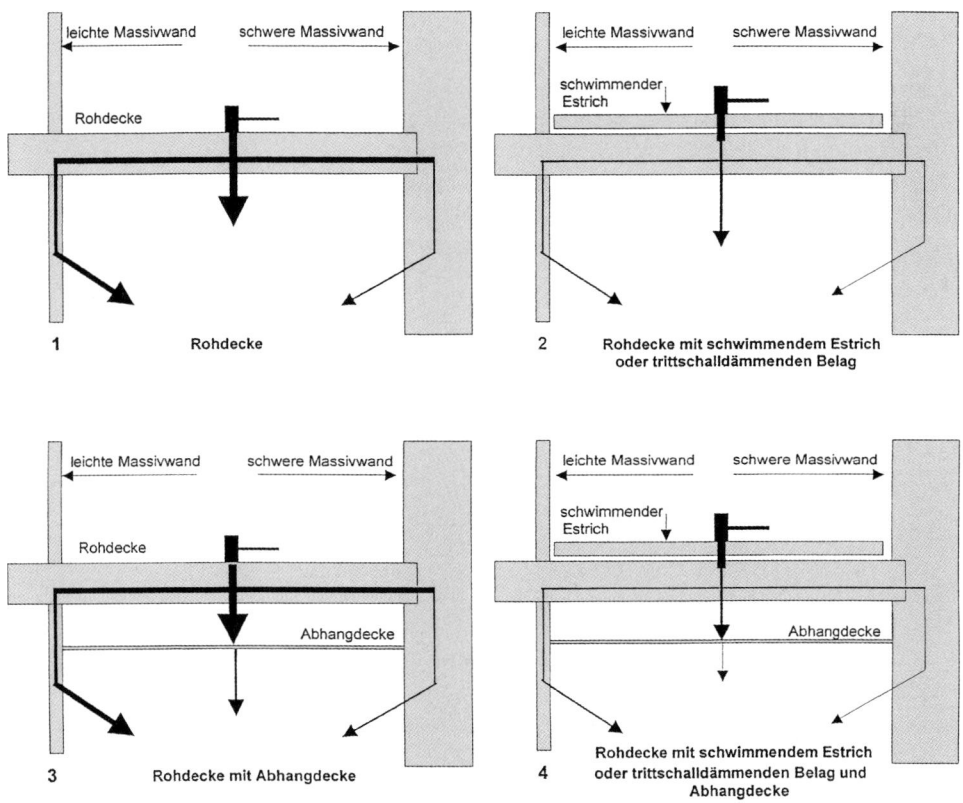

Bild 5.2 Wege der Flankenübertragung beim Trittschall. Bei 1 und 3 ist die Flankenübertragung am stärksten, bei 2 und 4 am schwächsten. Werden leichte biegesteife Massivwände durch biegeweiche Trockenbauwände ersetzt, so entfällt dieser Flankenweg, was die Schalldämmung deutlich verbessert

koppelten Anschluss dieser Wände, z. B. durch die Unterdecke bei Holzbalkendecken, ergeben sich hohe R'_w-Werte, was die teilweise erstaunlich guten Dämmungen der bauakustisch richtig verbesserten Holzbalkendecken unter ausgebauten Dachgeschossen erklärt.

Bild 5.2 zeigt die Wege der Flankenübertragung bei der Trittschallanregung von Massivdecken. Darin ist deutlich zu sehen, wie wichtig ein trittschalldämmender Deckenaufbau oberhalb der Rohdecke ist.

5.2 Trockenbau

Kaum ein anderer Zweig der Ausbaugewerke hat sich in jüngster Zeit so rasant entwickelt wie der *Trockenbau*, besonders der mit Gipskarton- und Gipsfaserplatten. Die Vielfalt der Anwendungen ist nahezu unbegrenzt. In der Bauakustik sind dies besonders die Vorsatzschalen, Unterdecken und Ständerwerkswände.

5.2.1 Wandvorsatzschalen

Wandvorsatzschalen sind keine eigenständigen Bauteile, sie werden meist vor massive Wände gesetzt, um deren Schalldämmung zu verbessern, bzw. deren Schallabstrahlung zu mindern. Die hierfür verwendeten Materialien sind vorwiegend Gipskartonplatten, Dicke 12,5 bis 18 mm, in Einfach- oder Doppelbeplankung, montiert auf Leichtmetall- oder Holzständerwerk, Abstand von der zu verbessernden Wand mindestens 50 mm, Hohlraum mit Mineralfaserplatten oder Mineralfaserfilzen bedämpft. Bild 5.3 enthält eine Zusammenstellung üblicher Vorsatzschalen mit guter

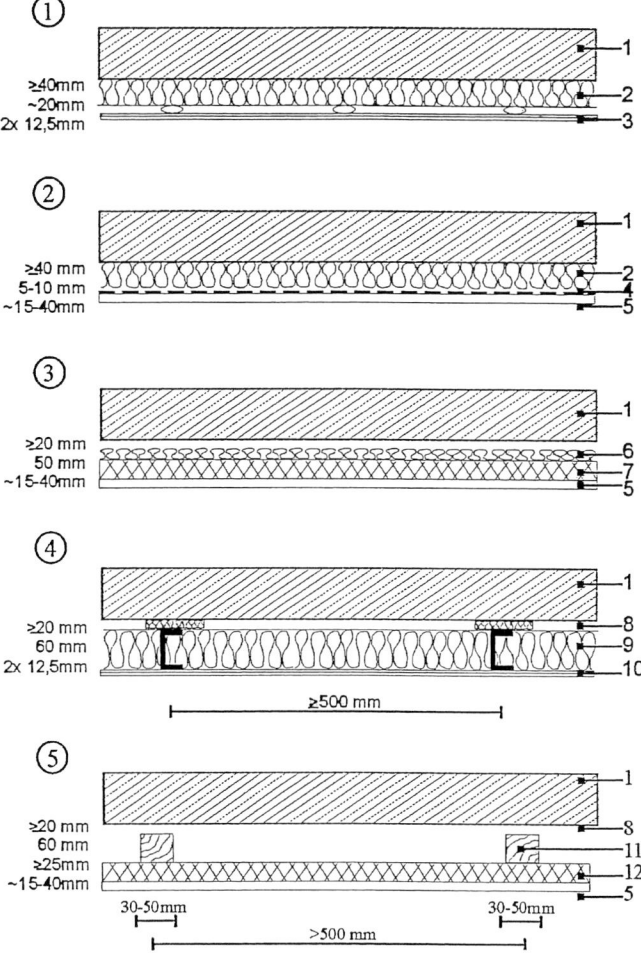

Bild 5.3 Beispiele typischer schalldämmender Vorsatzschalen zur Verbesserung von massiven Trenn- und Flankenwänden. 1: zu verbessernde Wand; 2: Mineralfaserplatten; 3: Gipskartonplatten, mit Gipsbatzen angesetzt; 4: Drahtgewebe; 5: Putz; 6: 20 mm Mineralfaserplatten; 7: 50 mm Holzwolle-Leichtbauplatten; 8: ≥20 mm Abstand bzw. Dämmstreifen; 9: 60 mm Mineralfaserplatten/Filze; 10: 2 × 12,5 mm Gipskartonplatten auf C-Profilständer; 11: 60 mm Holzständer; 12: ≥25 mm Holzwolle-Leichtbauplatten

5.2 Trockenbau

Dämmwirkung. Diese wird gekennzeichnet durch das *Luftschallverbesserungsmaß* ΔR in dB, als Einzahlangabe ΔR_w. Es ist abhängig von der flächenbezogenen Masse m' der zu verbessernden Wand und vor allem aber von der Resonanzfrequenz der Vorsatzschale (s. Anhang 11). Vorsatzschalen mit hoher Dämmung sollten eine möglichst niedrige Resonanzfrequenz f_r von ≈ 80 Hz, besser ≈ 50 Hz, aufweisen, die man mit einem möglichst großen Abstand d zur Massivwand (≈ 50 mm), einer Hohlraumbedämpfung mit Mineralfaserplatten und einer nicht zu leichten Beplankung (≈ 20 bis 30 kg/m^2) erreicht.

Die Luftschallverbesserungsmaße ΔR_w guter Vorsatzschalen betragen ca. 10 bis 25 dB und können überschlägig nach der Gleichung

$$\Delta R_w = 37 - R_w/2 \quad [\text{dB}] \tag{5.5}$$

berechnet werden, wobei R_w das bewertete Schalldämm-Maß der zu verbessernden Wand ist.

5.2.2 Unterdecken

Wohnungstrenndecken mit einer schalldämmenden Unterdecke zu versehen, ist aus mancherlei Gründen nicht üblich, z. B. weil die Raumhöhe reduziert wird oder die

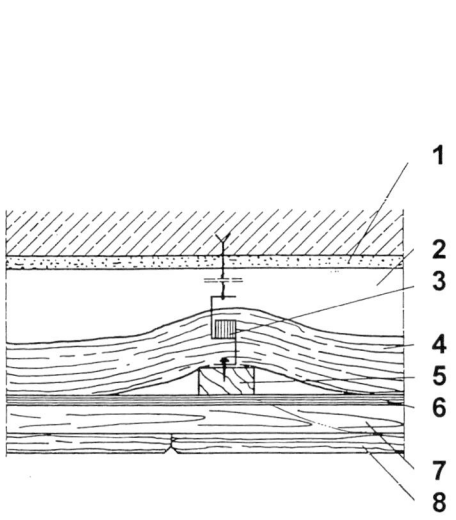
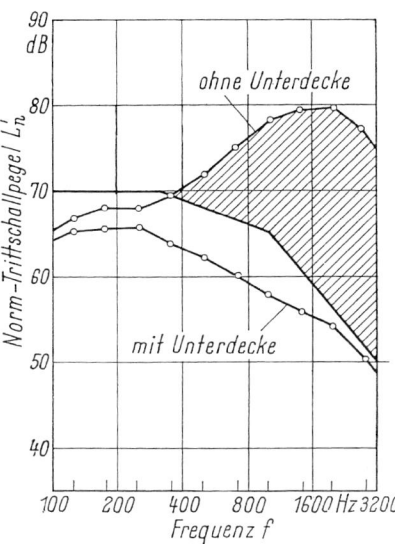

Bild 5.4 Nachträgliche Verbesserung der Trittschall-(Körperschall)-Dämmung einer Hohlkörperdecke durch eine hoch schalldämmende Unterdecke (L'_{nw} von 79 dB auf 57 dB)
1   UK Decke
2   Abhängehöhe 180 mm
3   körperschalldämmender Deckenabhänger
4   60 mm MF-Filz;
5, 7 Holzlattenrost
6   12,5 mm GiKa-Platten
8   Mineralfaser-Schallschluckplatten

thermische Speicherfähigkeit des Deckenbetons nicht ausgenutzt werden kann. Allerdings kommt es vor, dass beim Ausbau von Lofts in alten, nicht mehr genutzten Fabrikgebäuden dämmende Unterdecken deswegen mit Erfolg eingesetzt werden können, weil die schweren Ziegelwände eine geringe Flankenübertragung aufweisen, die Raumhöhen großzügig sind und bei den nicht änderbaren Ordinaten der Rohdeckenoberflächen die für den Fußboden zur Verfügung stehende Höhe begrenzt ist (s. auch Kapitel 9: Bauen im Bestand). In der Regel sind schalldämmende Unterdecken nur als Zusatzmaßnahme und auch nur dann sinnvoll, wenn z. B. die Decke ungewöhnlich stark durch Luft- und Körperschall angeregt wird, wie z. B. in größeren Wohnblocks anzutreffenden Gemeinschaftsräumen, die für Familienfeiern, Tanzveranstaltungen u. dgl. gemietet werden können, oder bei Technikräumen über schutzbedürftigen Räumen, wie das Beispiel des Bildes 5.4 zeigt. Voraussetzung ist allerdings, dass die Dämmung der Unterdecke nicht durch Flankenübertragung „kurzgeschlossen" wird.

5.2.3 Trockenbauwände

Im Gegensatz zu leichten Massivwänden ist die Anwendbarkeit von Trockenbauwänden für akustische Zwecke nahezu unbegrenzt, bedingt durch die Zweischaligkeit dieser in der Regel aus Gipskartonplatten bestehenden Wände. Bild 5.5 zeigt die grundsätzlichen Konstruktionsmerkmale:

- Einfachständerwände (oben und Mitte)/Doppelständerwände (unten),
- Einfachbeplankung (oben)/Mehrfachbeplankung (Mitte und unten),
- Daneben gibt es weitere Variationsmöglichkeiten,
- durch verschieden schwere Platten (Dicken und Rohdichten),
- durch andere Schalenabstände,
- durch Profilständer mit geringerer Übertragung von der einen Schale auf die andere,
- durch variierende Ständerachsabstände und Beplankungen aus unterschiedlich schweren Platten [21].

Trockenbauwände im Wohnungsbau sind gegenwärtig noch nicht üblich, dabei bieten Trockenbauwände auch im Wohnungsbau erhebliche Vorteile, nämlich:

- die kaum vorhandene Flankenübertragung mit der Folge einer hohen Schalldämmung, vor allem zwischen den Geschossen;
- die Möglichkeit, auch innerhalb einer Wohnung Schallschutzwünsche erfüllen zu können und dies praktisch in beliebiger Qualität;
- die relativ einfache Änderung von Raumgrößen und Raumaufteilungen;
- eine günstige Kostenbilanz im Vergleich zu den bisher üblichen schalltechnisch weniger geeigneten biegesteifen Zimmertrennwänden.

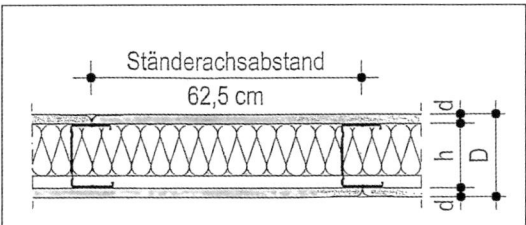

Einfachständerwand,
einfach beplankt
D = 75 mm
d = 12,5 mm
h = 50 mm
MF = 40 mm

$R_{w,R}$ = 41 dB

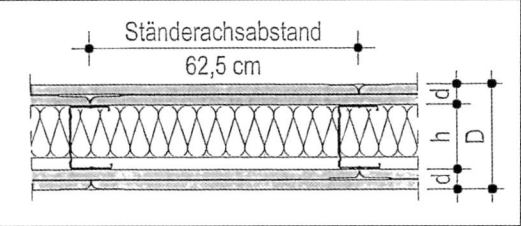

Einfachständerwand,
doppelt beplankt
D = 125 mm
d = 25 mm
h = 75 mm
MF = 60 mm

$R_{w,R}$ = 52 dB

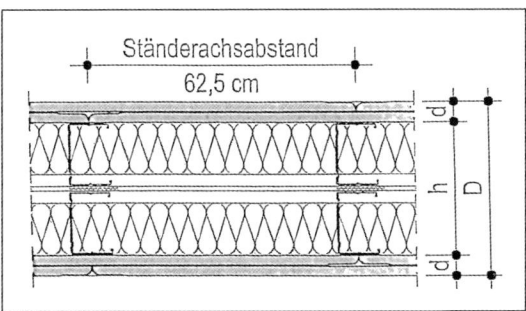

Doppelständerwand,
doppelt beplankt
D = 155 mm
d = 25 mm
h = 105 mm
MF = 2×40 mm

$R_{w,R}$ = 59 dB

Bild 5.5 Beispiele typischer Konstruktionen schalldämmender Wände aus Gipskarton-Bauplatten mit Hohlraumbedämpfung aus Mineralfaserplatten (nach Planungsprospekten der Firma Knauf). Die angegebenen $R_{w,R}$-Werte sind Rechenwerte, also ohne den Einfluss ggf. vorhandener Flankenübertragungen

5.3 Bauten aus Holz und anderen Naturmaterialien

Holz ist ein vielseitig verwendbarer, nachwachsender und leicht zu verarbeitender Baustoff. Dies führte u. a. zur Entwicklung der zuvor beschriebenen moderneren Decken aus Holz. Seit kurzem existieren bereits in moderner Holzbauweise errichtete mehrgeschossige Mehrfamilienhäuser, allerdings sind noch keine bauakustischen Erfahrungen und Messwerte bekannt geworden, sodass hier die weitere Entwicklung abgewartet werden sollte. Gleiches gilt für andere Naturbaustoffe, wie z. B. Lehm.

5.3.1 Alte Holzbalkendecken

Die „klassische" alte Holzbalkendecke, bestehend aus Holzbalken, Stakung mit Auffüllung, Dielenboden und Rohrputzdecke an Sparschalung (s. Bild 5.6), weist die für Holzbalkendecken typischen Dämmeigenschaften auf, nämlich mäßige bis schlechte Dämmung bei tiefen Frequenzen, also dort, wo dies besonders wichtig ist (im Bild 5.6 noch relativ gut), und hohe Dämmung im oberen Frequenzbereich, wo die Dämmung in dieser Qualität meist nicht benötigt wird.

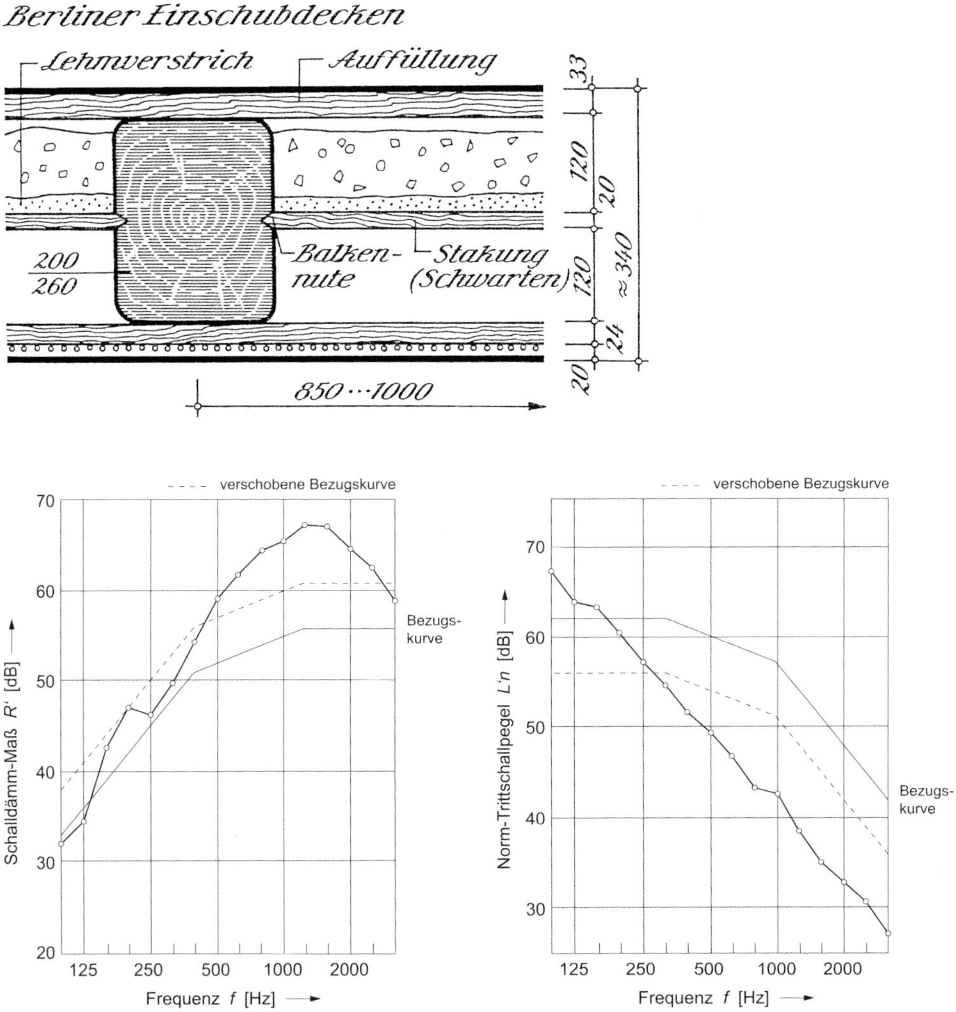

Bild 5.6 Typische Schalldämmung einer alten Holzbalkendecke mit Dielenboden, Stakung mit Lehmverstrich, schwerer Auffüllung und Rohrputz an Sparschalung (aus [11])
Linkes Diagramm: R'_w = 57 dB; rechtes Diagramm: $L'_{n,w}$ = 54 dB

Bei Altbausanierungen bietet sich aber häufig die Möglichkeit, alte Holzbalkendecken so zu verbessern, dass sie hervorragende Werte der Luft- und Trittschalldämmung erreichen, was die im Abschnitt 9.1 enthaltenen Beispiele zeigen, die wir in bauakustisch richtig „ertüchtigten" Altbauten gemessen haben. Die Konstruktionen alter Holzbalkendecken findet man in Neubauten nicht mehr, sie wurden weitgehend von den Massivdecken verdrängt.

5.3.2 Moderne Holzdecken

Regional sehr unterschiedlich können aber Decken und Wände aus Holz immer noch einen bemerkenswerten Anteil am Baugeschehen erreichen, besonders in waldreichen Gebieten. Im Bauphysik-Kalender 2009 finden sich in dem Beitrag von *Hessinger, Rabold* und *Saß* vom ift Rosenheim [2], zahlreiche Konstruktions- und Labor-Messbeispiele von Wänden, Decken und Dächern aus Holz, die auch für den Bauteilkatalog der neuen DIN 4109 vorgesehen sind. Die Beispiele zeigen aber auch den prinzipiellen Nachteil dieser Holzkonstruktionen, nämlich die vergleichsweise geringere Dämmung tiefer Frequenzen, sodass diese leichten Holzkonstruktionen kaum ohne Beschwerung durch Schüttungen, Betonsteine oder Estriche auskommen.

Brettstapeldecken bestehen aus genageltem oder flachkant verlegtem Brettschichtholz, Dicke 120 mm oder 140 mm. Wegen ihres geringen Gewichtes benötigen auch sie für einen ausreichenden Schallschutz im unteren Frequenzbereich Beschwerungen durch Schüttungen, Betonsteine u. dgl. und ≥ 50 mm dicke Estriche auf ≥ 30 mm MF-Trittschalldämmplatten. Verglichen mit ähnlich leichten Massivdecken scheint jedoch die bessere Materialdämpfung von Holz gegenüber schweren Massivbaustoffen bei der Schallausbreitung im Gebäude vorteilhaft zu sein. Dies gilt auch für ebenfalls vorgefertigte elementierte *Brettsperrholz-Rippendecken*, die aus gefügestabilen Holzstegen und Querrosten bestehen, deren Konstruktionsprinzip durch die Hohlräume zwischen den Rippen beschwerende Auffüllungen und die Verlegung von Installationen ermöglichen. Für diese Decken liegen, je nach Deckentyp und Auffüllung, mit $R'_w \approx 60$ bis 64 dB und $L'_{n,w} \approx 53$ bis 37 dB respektable Messwerte aus einem Mehrfamilienhaus in der Schweiz vor.

Eine große Zahl im Prüfstand gemessener leichter Holzbalkendecken und Brettstapeldecken soll mit ihren Dämm-Maßen auch in den Bauteilkatalog der neuen DIN 4109 einfließen. Dabei ist allerdings die Frage berechtigt, ob die große Zahl von Laborergebnissen mit ohnehin begrenzter Dämmung tatsächlich den Bedürfnissen der Praxis entspricht oder stattdessen die Norm nur unnötig aufbläht, zumal in Deutschland Erfahrungen mit dem Schallschutz bei einer umfassenderen Anwendung leichter Holzdecken im mehrgeschossigen Wohnungsbau, also Baumessungen mit Flankenübertragung noch nicht publik geworden sind.

In krassem Gegensatz zu schalltechnisch richtig aufgebauten oder sanierten Holzbalkendecken zeigt Bild 5.7 eine falsch konstruierte Holzbalkendecke mit extrem schlechter Trittschalldämmung. Die Mineralfaserfilze können das Gewicht der fehlenden schweren Auffüllung und die nicht vorhandene Entkoppelung des Fußbodens und der Unterdecke von den Balken nicht ersetzen!

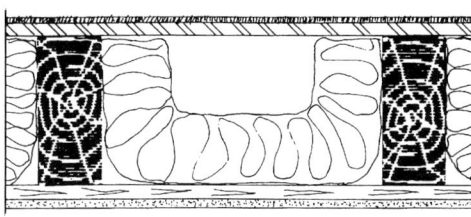

◄--- 4 mm Textilbelag
◄--- 23 mm Spanplatte

◄--- 220/90 mm Holzbalken
◄--- 100 mm Mineralfaserfilz

◄--- 24 mm Lattung
◄--- 12,5 mm Gipskartonplatte

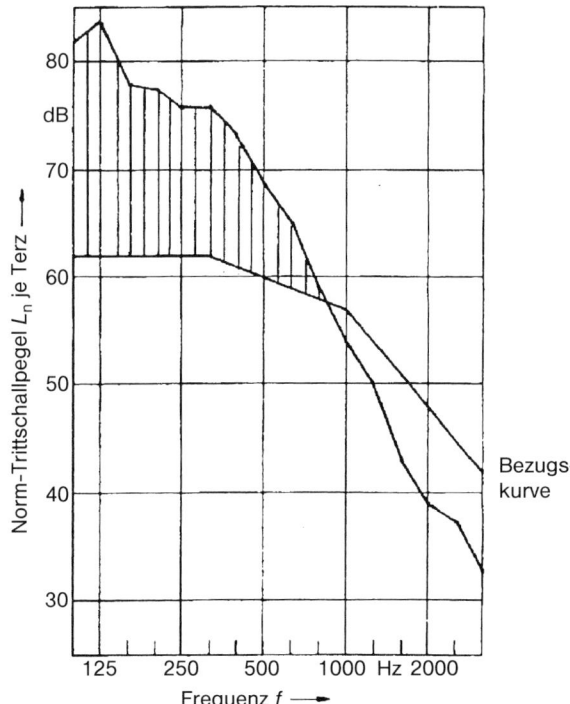

Bild 5.7 Mit $L'_{n,w} = 72$ dB extrem schlechte Trittschalldämmung einer falsch konstruierten und zu leichten Holzbalkendecke

5.4 Treppen

In vielen Neubauten sind die Treppenräume Quelle hoher Lärmbelästigungen. Was sind die negativen Ursachen? Die kleinen Volumina, die harten nicht schallabsorbierenden Oberflächen, die schlechte Trittschalldämmung der Massivtreppe und ihres Belages und die geringe Luftschalldämmung der Zugangstüren zu den Wohnungen.

Von komfortablen Altbauten ist bekannt, dass es kaum Störungen durch Trittschall und auch weniger durch Luftschall-Lärm aus dem Treppenhaus gibt. Was sind die hier positiven Ursachen? Die meist großzügigen Volumina der Treppenhäuser und Wohnräume, die weniger „klangfreudigen" Treppen aus Holz, die gut trittschall-

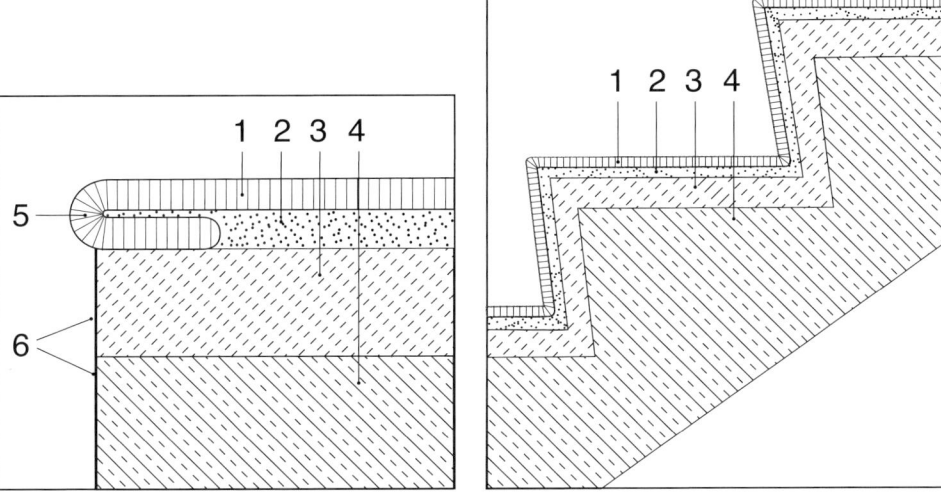

Bild 5.8 Treppenbelag hoher akustischer Wirksamkeit auf fugenlos mit der Baukonstruktion verbundener Betontreppe
1 Teppich
2 Waffelhaarfilz o. Ä.
3 Ausgleichestrich
4 Ortbetondecke, mit dem Bauwerk verbunden (keine Fugen oder Elastomerlager)
5 umgeschlagene Teppichkante, verklebt
6 gespachtelte seitliche Ansichtsfläche der Treppe (falls vorhanden)

dämmenden und oft auch mit Filz unterlegten, und damit auch gut schallabsorbierenden „Treppenläufer", wodurch der Nachhall und damit der Lärmpegel gesenkt wird. Dass so ein Belag auch in komfortablen Neubauten keine Seltenheit ist, zeigt Bild 5.8. Voraussetzung ist allerdings eine hohe und auch hinsichtlich des Brandschutzes geeignete Qualität des Teppichs einschließlich der Unterlage. Die Möglichkeit, die Treppenläufe fugenlos in das Tragwerksystem einbinden zu können, wurde als Vorteil gesehen. Die Trittschalldämmung war extrem hoch und konnte nicht mehr durch eine Messung nachgewiesen werden.

Im Gegensatz dazu enthält Bild 5.9 die in DIN 4109 empfohlene Trittschalldämmung von Massivdecken. Problematisch ist hierbei die Schallbrückenanfälligkeit, der praktische Umgang mit der Fuge zur Wand und, im Gegensatz zu dem im Bild 5.6 gezeigten Belag, auch die fehlende Schallabsorption.

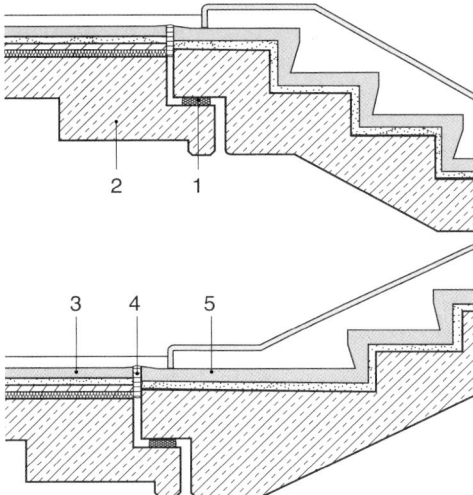

Bild 5.9 Trittschallgedämmte Ausbildung von Treppenlauf und Treppenpodest nach DIN 4109
1   Elastomer-Auflager
2   Treppenpodest
3   auf Trittschalldämmschicht schwimmend verlegter Steinboden
4   Dehnungsfugenprofil
5   elastisch gelagerter Treppenlauf

6 Technische Gebäudeanlagen (TGA)[1]

6.1 Körperschall

Körperschall ist überall. So könnte man den wohl wichtigsten physikalischen Vorgang in der Bauakustik beschreiben. Wird z. B. eine Wand durch Luftschall angeregt, so führt sie Biegeschwingungen aus, d. h. die „Teilchen des Wand*körpers*" schwingen, es entsteht *Körperschall*, der dann wieder von der Wand als Luftschall abgestrahlt wird. Diesen Wechsel vom Luftschall zum Körperschall und wieder zum Luftschall ist typisch für alle luftschalldämmenden Trennflächen. Anders ist es bei der Trittschalldämmung: Hier fehlt das erste Glied der Wirkungskette, weil die Decke, die Treppe oder der Boden unmittelbar zu Schwingungen angeregt werden, z. B. durch das Gehen oder das Trittschallhammerwerk. Je nachdem, ob die Anregung schwach oder stark oder die *Körperschalldämmung* gut oder mangelhaft ist, wird in der baulichen Umgebung der als Luftschall abgestrahlte Körperschall leise oder laut wahrgenommen. Bild 6.1 zeigt drastisch die Wirkung einer starken Körperschallanregung auf den Wohnungsnachbarn.

Gegen den Körperschall helfen *Elemente zur Köperschalldämmung,* wobei es zahlreiche Ausführungsarten gibt, z. B. Schellen zur körperschallgedämmten Befestigung von Wasser- und Abwasserleitungen u. dgl. Für die gedämmte Aufstellung körperschallemittierender Anlagen (z. B. Ventilatoren, Motoren, Pumpen, Heizkessel etc.) unterscheidet man einfach elastische Dämmelemente für Fälle mit geringer Anforderung bzw. geringer Körperschallemission und doppelt elastische für stärkere Anregungen oder höheren Anforderungen mit einer um ca. 15 bis 20 dB höheren Wirksamkeit. Die Elemente bestehen aus ein oder zwei Schichten eines gemischtzelligen Polyurethan-Elastomers zwischen druckverteilenden Stahlplatten. Sie werden punktförmig zwischen dem Geräuscherzeuger und dem Bau, meist den Decken, eingebaut. Auch sind federnde Materialien unter druckverteilenden Platten (Beispiel: schwimmender Estrich) üblich, wobei z. B. Mineralfaserplatten, Gummigranulatplatten aus recycelten Autoreifen, Platten aus PUR-Elastomer oder Korkplatten verwendet werden. Letztere sich allerdings zum Verschließen von Weinflaschen besser eignen als für Aufgaben des Schallschutzes. Schwimmende Estriche

---

[1] Die Ausführungen zum Schallschutz bei TGA-Anlagen sind als Hinweise der Verfasser auf der Grundlage ihrer Erfahrungen zu verstehen. Die Beteiligung von TGA-Fachleuten an der Planung, auch denen der ausführenden Gewerke, ist grundsätzlich wünschenswert und kann nicht durch diese Hinweise ersetzt werden.

Bild 6.1 Körperschall, wie ihn wohl jeder schon mal gehört hat (Quelle: TH Stuttgart, Lehrstuhl für Bauphysik)

sollten jedoch nicht unter Maschinen verwendet werden, deren Drehzahl den Estrich in seiner Resonanzfrequenz (s. Anhang 11) anregen, weil dies eine „Resonanzkatastrophe" bis hin zur Zerstörung des Estrichs zur Folge haben kann. Dieser Fall kann auch bei ungebremst und nach dem Abschalten langsam auslaufenden Ventilatoren auftreten, wenn ihre Drehzahl für mehrere Sekunden im Resonanzbereich verweilt.

Aufwendige Konstruktionen mit Dämmungen durch Stahlfederisolatoren, Beruhigungsmassen und schweren Fundamenten kommen im Wohnungsbau kaum vor, es sei denn, Technikräume mit großen TGA-Versorgungsanlagen liegen unmittelbar über oder in der Nähe von Wohnräumen.

6.2 Anforderungen

Der Lärmeinfluss haustechnischer Anlagen auf Wohnungen ist i. Allg. nicht ganz so stark, wie im Bild 6.1 dargestellt. Mit Störpegeln von 31 bis 40 dB(A) oder gar darüber liegt er nach DIN 4109 jedoch im unzulässigen Bereich. Bis 30 dB(A) gelten die Geräusche von TGA-Anlagen nach DIN 4109 alt und neu bis auf einzelne Pegelspitzen als noch zulässig, wenngleich auch deutlich leisere TGA-Geräusche beanstandet werden, besonders in ruhigen Wohnungen mit Grundpegeln ≤20 dB(A). Daher sieht E VDI 4100:10 für die Schallschutzstufen II und III mit Werten von $L_{Afmax,nT} \leq 27$ bzw. 24 dB(A) auch schärfere Anforderungen vor (s. Tabelle 4.4), die nach den Hinweisen in den entsprechenden Regelwerken gesondert zu vereinbaren sind, was allerdings juristisch zweifelhaft sein dürfte, wenn Art und Dämmung der Anlage und der baulichen Situation die Werte des höheren Schallschutzes gewährleisten können, die dann auch geschuldet sind.

6.3 Wasser- und Abwasseranlagen

Diese Gruppe der TGA-Anlagen hat in der Vergangenheit sehr oft Beschwerden von Wohnungsnachbarn ausgelöst. Daher ist die Sanitärinstallation bereits in der alten DIN 4109:1989 ausführlicher behandelt worden, indem für einzubauende Armaturen zwei unterschiedlich laute Armaturengruppen I und II definiert wurden, deren Einbau an bestimmte bauliche Voraussetzungen gebunden war. Der gegenwärtige Stand der Installationstechnik hat mittlerweile, auch was den Schallschutz betrifft, eine hohes Niveau erreicht, sodass nur noch grobe Planungsfehler Ursache zu lauter Wasser- und Abwassergeräusche aus der Nachbarwohnung sind, z. B. Installationen unmittelbar an oder in massiven Wohnungstrennwänden, alte oder immer noch anzutreffende zu laute Armaturen, zu hohe Fließgeschwindigkeiten etc.

Das wirksamste Mittel gegen die Übertragung von Störgeräuschen in Nachbarwohnungen ist neben einer zweckdienlichen Grundrissgestaltung die *Vorwandinstallation,* die sogar werkseitig vormontiert als anschlussfertige Module auf die Baustelle geliefert und dort körperschallentkoppelt eingebaut werden, wobei, wie Bild 6.2 zeigt, „ablagehoch" oder raumhoch in Form durchgehender Schächte mit Abwasserrohren alle Individuallösungen möglich sind. Für die Planung und den schallgedämmten Einbau derartiger Systeme sollten jedoch vorwiegend hiermit vertraute Fachfirmen beauftragt werden. Ergebnisse von Installationsmessungen in Neubau-

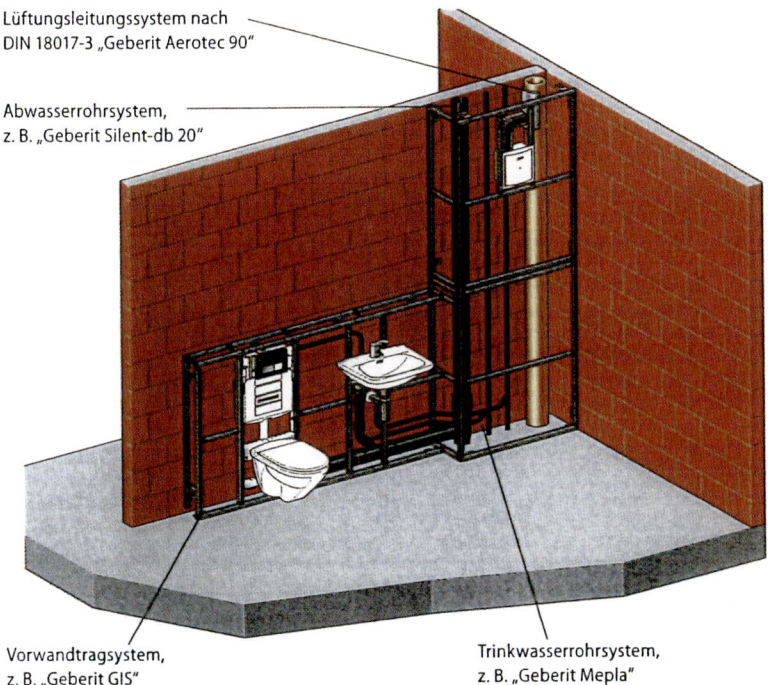

Bild 6.2 Vorwandinstallation – die schalltechnisch beste Installationsart für Wasser- und Abwasseranlagen (nach einem Fachbericht der Firma Geberit) [22]

ten mit entkoppelten Vorwandinstallationen haben mit Werten von deutlich unter 20 dB(A) gezeigt, dass DIN 4109:1989 in dieser Hinsicht längst vom aktuellen Entwicklungsstand überholt wurde.

6.4 Heizungsanlagen

Der Betrieb von Heizungsanlagen in Heizungskellern unter ruhebedürftigen Wohnungsräumen ist ein typisches Beispiel für notwendige bauliche und anlagentechnische Maßnahmen des Luft- und Körperschallschutzes, auch im Einfamilienhaus. Für den ausreichenden Schallschutz (s. auch VDI 2715 [23]*) sollte Folgendes angestrebt werden:

– eine ausreichend schalldämmende Kellerdecke zwischen Heizungsraum und Wohnung ($R'_w \geq 60$ dB mit $R' \approx 45$ dB bei tiefen Frequenzen bis ca. 200 Hz, erreichbar z. B. mit schweren Stahlbeton-Plattendecken);
– Schall-Leistungspegel der Brenner-/Kesseleinheit $L_{WA} \leq 80$ dB(A), ggf. mit schalldämmender Brennerhaube;
– tieffrequent abgestimmte ($f_r \leq 20$ Hz) körperschallgedämmte Aufstellung des Kessels, z. B. auf Längsdämmbügeln, bei Anlagen mit höherer Heizleistung;
– körperschallgedämmte Befestigung, Abhängung und Wanddurchführung aller wasserführenden Rohre;
– körperschallgedämmte Befestigung von Schaltkästen;
– Auswahl leiser Umwälzpumpen (Rohrleitungspumpen) mit variablen Wassermengen;
– Schalldämpfer vor Frischluftöffnungen, wenn sich diese in der Nähe der Fenster von Aufenthaltsräumen befinden;
– ggf. Abgasschalldämpfer (möglichst dicht am Kessel), wenn das Abgasgeräusch durch die Wand des Abgaskanals in die zu schützenden Räume gelangt und/oder von der Schornsteinmündung deutlich hörbar abgestrahlt wird – Abdeckung der Schornsteinmündung („Meidinger Scheibe") wegen möglicher Schallreflexionen vermeiden;
– Vermeidung von Lufteinschlüssen im Anlagensystem und in den Heizkörpern der Wohnungen wäre bei den Heizungsanlagen zu beachten;
– Vor- und Rücklaufleitungen mit ausreichend großen Querschnitten planen, sodass eine geringe Strömungsgeschwindigkeit möglich ist;
– nur Heizkörper verwenden, die keine Luftschallgeräusche membranartig aufnehmen und abstrahlen können („Haustelefon"), besonders, wenn sie verschiedene Räume versorgen und dabei über gemeinsame Vor- und Rücklaufleitungen verbunden sind. Guss- oder Stahlradiatoren sind in dieser Hinsicht unbedenklich;
– Wand- und Deckendurchführungen so gestalten, dass neben den Rohren keine offenen Stellen mehr sind, durch die Luftschall übertragen werden kann;
– Thermostatventile ohne Geräusche bei den möglichen Einstellungen;
– Vermeidung von als Folge temperaturbedingter Ausdehnungen oder Zusammenziehungen der Heizungsrohre auftretenden Knackgeräuschen durch Lockerung der Befestigungsschellen.

6.5 Aufzüge

Schallschutzmaßnahmen bei Aufzügen sind in der VDI-Richtlinie 2566 [24]* beschrieben. Allerdings scheinen die Angaben über die mindestens erforderlichen Gewichte von Schacht- und Maschinenraumwänden bei modernen und relativ leisen Aufzugsanlagen unnötig hoch zu sein. Sie wurden für die früheren Ausgaben der VDI 2566 empfohlen, um die Abstrahlung tieffrequenter lauter Pegelspitzen der Wände beim ruckartigen Anfahren und Bremsen meist einfacher Aufzugsanlagen abzuschwächen. Die geforderten 580 kg/m^2 schweren Schachtwände sind natürlich bauakustisch vorteilhaft, besonders, wenn Wohn- oder Schlafzimmer an der Schachtwand liegen, also bei Grundrissen, die möglichst vermieden werden sollten. Zweischalige Massivwände mit Fuge oder leichtere Massivwände mit Vorsatzschalen sollten aber nicht anstelle einschaliger schwerer Schachtwände eingebaut werden, weil der Schallschutz im unteren Frequenzbereich durch die Bauteilresonanzen verschlechtert werden kann.

Weitgehend unabhängig von Art und Bauweise der Aufzugsanlage bleibt die Notwendigkeit einer ausreichenden Körperschalldämmung aller körperschallerzeugenden Anlagenkomponenten, also Antrieb, Schaltschütze, Seilumlenkungen, Rollengerüste, Hydraulikpumpen etc.

Um Störungen durch die Schachttüren zu vermeiden, die auch bei gut dämmenden Wohnungseingangstüren auftreten können, sollte ein gedämpftes langsames Anlegen der Schachttüren angestrebt werden. Auch bei Aufzugsanlagen gilt die Empfehlung, bei der Gebäudeplanung Aufzugsfachleute hinzuzuziehen.

7 Schutz gegen Außenlärm

Die Einwirkung von Außenlärm auf Wohnungen ist neben dem Schallschutz zwischen Wohnungen das andere akustische Hauptärgernis des Wohnens, zumindest in verkehrsreichen Wohnlagen. Dieses Problem wurde jedoch in den letzten Jahren bei Neubauten und sanierten Altbauten durch den Einbau energiesparender, dichter und damit auch besser schalldämmender Fenster entschärft, allerdings oft mit dem Nachteil, dass in den jetzt ruhigeren Wohnungen die Geräusche aus Nachbarwohnungen nicht mehr vom Außenlärm verdeckt wurden, also plötzlich deutlich hörbar waren (s. hierzu auch Abschnitt 1.5). Die Erfahrung zeigt, dass es nicht sinnvoll ist, Schallschutzfenster einzubauen, deren Schalldämmung deutlich höher ist als die in DIN 4109 geforderte, besonders nicht in Wohnungen mit nicht allzu gutem Schallschutz zu den Nachbarn.

Die Vorgehensweise bei der Planung des Schutzes gegen Außenlärm besteht aus drei Phasen:

Phase 1: Ermittlung des *maßgeblichen Außengeräuschpegels* L_{MAP} nach E DIN 4109-1:2006 [25], Anhang C, an den beschallten Fassaden (s. Abschnitt 7.1)

Phase 2: Bestimmung der erforderlichen Standard-Schallpegeldifferenz erf. $D_{nT,w}$ zwischen außen und innen.

Phase 3: Berechnung der erforderlichen resultierenden Schalldämmung $R'_{w,res}$ für die Außenwände der zu schützenden Räume bzw. daraus der Einzelflächen (z. B. Außenwand und Fenster), wie in Anhang 15 erläutert.

7.1 Maßgeblicher Außengeräuschpegel

Der maßgebliche Außengeräuschpegel L_{MAP} beschreibt repräsentativ die Geräuschbelastung eines Gebäudes außen vor der betroffenen Fassade. Er ist der Geräuschpegel für die Bemessung des erforderlichen Schallschutzes gegen Außenlärm. Die Stärke des Außenlärms wird, wenn danach die Schalldämmung der Außenbauteile bestimmt werden soll, durch den L_{MAP} beschrieben, der wiederum in 5-dB-Abstufungen durch *Lärmpegelbereiche LPB* gekennzeichnet wird. Beides enthält die Tabelle 7.1.

Tabelle 7.1 Lärmpegelbereiche, maßgebliche Außenlärmpegel und erforderliche Standard-Schallpegeldifferenzen zwischen außen und innen für Wohn- und Schlafräume nach E DIN 4109-1:2006

Lärmpegelbereich LPB	Maßgeblicher Außengeräuschpegel L_{MAP} [dB(A)]	Erforderliche bewertete Standard-Schallpegeldifferenz zwischen außen und innen für Wohn- und Schlafräume erf. $D_{nT,w}$ [dB]
I	≤55	30
II	56 bis 60	30
III	61 bis 65	35
IV	66 bis 70	40
V	71 bis 75	45
VI	76 bis 80	50
VII	>80	gesondert festzulegen

Die Bestimmung des MAP ist im Anhang C von E DIN 4109-1:2006 [25]* geregelt. Dabei wird unterschieden zwischen Straßenverkehr, Schienenverkehr, Wasserverkehr, Luftverkehr sowie Gewerbe- und Industrieanlagen. Der MAP kann sowohl berechnet als auch gemessen werden. Die Beschreibung der Berechnungs- und Messverfahren würden jedoch an dieser Stelle zu weit führen, sodass auf [25]* und die darin zitierten ebenfalls zu berücksichtigenden Regelwerke verwiesen wird. Einen raschen Überblick kann man sich auch mit der im Anhang 5 enthaltenen Tabelle A 5.1 verschaffen. Sie verdeutlicht, dass erst in Wohngebieten mit Mittelungspegeln über ca. 50 dB(A) Verkehrsgeräusche als Lärm empfunden werden können, sodass auch Tabelle 7.1. erst ab L_{MAP} = 55 dB(A) einen Schallschutzwert von erf. $D_{nT,w}$ = 30 dB fordert, der ohne Schwierigkeit von allen üblichen Außenwänden und Fenstern erreicht wird.

Die Mittelungspegel des Straßenverkehrs liegen im Bereich von etwa L_m = 60 bis 75 dB(A), ggf. mit bis zu 10 dB(A) lauteren Spitzenwerten. An extrem lauten Verkehrswegen (Autobahnen, ggf. mit parallel verlaufenden Bahnstrecken) werden Mittelungspegel über 80 dB(A) gemessen, wie z. B. in Berlin am Stadtring Nord(s. Bild 7.1). Hier ist ein Wohnen selbst hinter gut dämmenden Kastenfenstern bei Innenpegeln über 40 dB(A) kaum vertretbar und erst recht nicht bei geöffneten Fenstern.

Im Gegensatz zum Straßenverkehr hoher Dichte und daher mit geringen Pegelschwankungen, sind der Schienen- und Luftverkehr durch hohe Pegelspitzen mit Lärmpausen dazwischen gekennzeichnet, was zur Folge hat, dass diese beiden Lärmarten durch maßgebliche Außengeräuschpegel gekennzeichnet werden, die sich rechnerisch und messtechnisch aus den Mittelungspegeln sowie Höhe und Häufigkeit der Pegelspitzen ergeben. Bei diesen Lärmarten wird auch auf das erhöhte Ruhebedürfnis zur Nachtzeit eingegangen. Die beim Wasserverkehr auftretenden tieffrequenten Geräuschanteile können eine spezielle Betrachtungsweise erfordern.

Bild 7.1 Mit $L_m > 80$ dB(A) wohl am stärksten beschallte Wohnhausfassaden in Deutschland (Berlin, Stadtring Nord)
Foto: Muhrbeck

7.2 Anforderungen

Die Anforderungen an die zum Schutz gegen Außenlärm erforderliche bewertete Standard-Schallpegeldifferenz erf. $D_{nT,w}$ enthält Tabelle 7.1. Die daraus nach Anhang 14 (Kasten unten links) zu berechnende Schalldämmung ist eine aus den R_w-Werten von Außenwand, Fenster etc. sich ergebendes *resultierendes Schalldämm-Maß* $R_{w,res}$, das je nach Flächenanteil und Dämmung der Teilflächen unterschiedlich sein kann (s. auch Abschnitt 7.3).

7.3 Resultierende Schalldämmung

Fast immer beschallt der Außenlärm eine Fläche, die sich aus mindestens 2 verschieden großen und unterschiedlich dämmenden Flächen zusammensetzt, z. B. Außenwand mit Fenster. Das Ergebnis ist eine *resultierende Schalldämmung,* ausgedrückt durch das resultierende bewertete Schalldämm-Maß $R_{w,res}$. Wird $R_{w,res}$ berechnet, wie in Anhang 15 beschrieben, wird daraus der Rechenwert des resultierenden bewerteten Schalldämm-Maßes $R_{w,res,R}$ und falls am Bau die Dämmung nachgemessen wird, ist das Ergebnis ein resultierendes bewertetes Bau-Schalldämm-Maß $R'_{w,res}$.

Legt man das Beispiel im Anhang 15 zugrunde und nimmt Straßenlärm mit einem L_{MAP} von 68 dB(A) an, so ergibt sich nach Tabelle 7.1 erf. $D_{nT,w} = 40$ dB, woraus sich nach Anhang 14 (zweituntester Kasten links) bei einer angenommenen Nachhallzeit des zu schützenden Raumes von $T_E = 0{,}5$ s ein Innenpegel von 28 dB(A) errechnet. Dieses Beispiel zeigt übrigens, dass die jetzt in der neuen DIN 4109 aufgeführten $D_{nT,w}$-Anforderungen, die auf Verlangen „interessierter Kreise" zahlenmäßig nicht gegenüber den R'_w-Anforderungen der DIN 4109:1989 verändert werden sollten, gegenüber dieser alten DIN 4109 um eine Differenz von etwa 2 dB(A) niedriger sind.

7.4 Schalldämmung von Fenstern

Das erste deutsche Regelwerk, das sich mit der Schalldämmung von Fenstern befasste, war die 1987 erschienene VDI-Richtlinie 2719 „Schalldämmung von Fenstern und deren Zusatzeinrichtungen" [26]. Initiert durch den ständig wachsenden Verkehrs- und Fluglärm, wurde dringend eine Richtlinie benötigt, die sich mit wichtigen Fragen des Schallschutzes von Fenstern befasste, also Konstruktion und Dämmung, Anforderungen, einzuhaltende Innenpegel, resultierende Dämmung, Lüftung, Verbesserung vorhandener Fenster etc. Kerninhalt dieser Richtlinie war die tabellarische Beispielsammlung der Dämmwerte von Fensterkonstruktionen, die in sechs jeweils 5-dB-breite Schallschutzklassen eingeteilt waren. Der Grund für diese heute etwas grob anmutende Abstufung war der vor 25 Jahren noch nicht abgerundete fachliche Kenntnis- und Erfahrungsstand. Dennoch hat sich bis heute die Popularität des Begriffes *Fensterschallschutzklasse* erhalten, z. B. in Ausschreibungen, Baubeschreibungen etc. Seit einiger Zeit wird aber angestrebt, die Schalldämmung eines Fensters nicht mehr durch Nennung der 5-dB-breiten Schallschutzklasse, sondern durch als gesichert geltende R_w-Werte zu beschreiben. Dies ist in der (alten) DIN 4109 in Tabelle 40 im Beiblatt 1 mit Änderung A1 geschehen [27]. Wohl durch die Erkenntnis, dass sich eine im Labor durchaus normale 1-dB-Genauigkeit bei Nachmessungen am Bau (Güteprüfung) kaum wiederfinden lässt, ist in einer umfassenden Darstellung des Themas „Fenster" in einer österreichischen Veröffentlichung wieder eine 5-dB-Stufung zu finden [28]. Eine darauf basierende instruktive tabellarische Zusammenfassung enthält die Tabelle 7.2, die dieser Publikation entnommen wurde. Diese Tabelle bietet den Vorteil einer leichten Abschätzbarkeit von Zwischenwerten und dürfte daher für Schallschutzplanungen gut geeignet sein. Neuerdings wird jedoch auch in der VDI 2719 die Rückkehr zur 5-dB-Klasseneinteilung angestrebt.

7.5 Schalldämmung von Außenwänden

Bei der Planung von Gebäuden in lauter Umgebung ist für eine gute Schalldämmung der Außenwände Folgendes zu beachten:
– Außengeräusche enthalten i. Allg. mehr tieffrequente Anteile als Innengeräusche, sodass Außenwandkonstruktionen bevorzugt werden sollten, deren Spektrum-Anpassungswert C_{tr} (s. Anhang 13) nicht zu niedrig ist. Dies ist der Fall, wenn
    – möglichst schwere Massivwände gewählt
    – und mit Wärmedämmsystemen versehen werden, die keine Verminderung der Schalldämmung im unteren Frequenzbereich bewirken.

7.5 Schalldämmung von Außenwänden

Tabelle 7.2 $R_{w,R}$-Werte der drei üblichen Fenstertypen (Einfachfenster, Verbundfenster und Kastenfenster) und deren Schalldämmung nach [28]

R_w	Fenstertyp	Falzdichtung	Bild	Abmessung/Anforderung
25 dB	Einfachfenster	–		$\Sigma d_g \geq 6$ mm SZR ≥ 8 mm oder Isolierglas mit $R_{w,g} \geq 27$ dB
25 dB	Verbundfenster	–		$\Sigma d_g \geq 6$ mm SZR beliebig
30 dB	Einfachfenster	1		$\Sigma d_g \geq 6$ mm SZR ≥ 12 mm oder Isolierglas mit $R_{w,g} \geq 30$ dB
30 dB	Verbundfenster	1		$\Sigma d_g \geq 6$ mm SZR ≥ 30 mm
30 dB	Kastenfenster	–		beliebig
35 dB	Einfachfenster	1		$\Sigma d_g \geq 10$ mm SZR ≥ 16 mm oder Isolierglas mit $R_{w,g} \geq 35$ dB
35 dB	Verbundfenster	1		$\Sigma d_g \geq 8$ mm SZR ≥ 40 mm
35 dB	Verbundfenster	1		4/12/4 – 6 SZR ≥ 40 mm
35 dB	Kastenfenster	1		beliebig
40 dB	Einfachfenster	2		Isolierglas mit $R_{w,g} \geq 42$ dB
40 dB	Verbundfenster	2		6/12/4 – 8 SZR ≥ 50 mm

Tabelle 7.2 (Fortsetzung) $R_{w,R}$-Werte der drei üblichen Fenstertypen (Einfachfenster, Verbundfenster und Kastenfenster) und deren Schalldämmung nach [28]

R_w	Fenstertyp	Falzdichtung	Bild	Abmessung/Anforderung
40 dB	Kastenfenster	2		4/12/4 – 6 SZR ≥ 100 mm
45 dB	Verbundfenster	2		6/12/4 – 8 SZR ≥ 100 mm
45 dB	Kastenfenster	2		8/12/4 – 8 SZR ≥ 60 mm

Daher sind bauakustisch günstig:

– Wärmedämmplatten auf der Außenseite der Massivwand, abgedeckt mit einer hinterlüfteten Fassade, oder
– bei Wärmedämm-Verbundsystemen die Verwendung nicht zu steifer Mineralfaserplatten mit einer nicht zu leichten Beschichtung, sodass die Resonanzfrequenz f_r dieses Masse-Feder-Masse-Systems (s. Anhang 11) möglichst niedrig ist ($f_r \leq 30$ Hz), oder eine nicht federnde dampfdurchlässige Wärmedämmschicht verwendet wird, die mit der äußeren Beschichtung aus Putz o. Ä. kein schwingungsfähiges System, also keine mehrschichtige Wand (s. Abschnitt 2.1) bildet.

8 Empfehlungen für eine Bauweise mit besonders hochwertigem Schallschutz

Die folgenden Empfehlungen gehen über das, was der „Bauakustik-Normalverbraucher" erwartet, weit hinaus. Sie sind aufwendiger und daher auch teurer als gewohnte Decken- und Wandkonstruktionen. Die jüngsten Erfahrungen zeigen aber, dass der Bedarf an solchen Wohnungen mit steigendem Wohlstand wächst, vor allem in bevorzugten Wohngebieten großer Städte wie z. B. Berlin, Hamburg, München, Frankfurt u. a. Es ist daher nicht verwunderlich, wenn von fortschrittlichen Bauherren in verstärktem Umfang Wohnungen gefordert und gebaut werden, die einem hohen Schallschutz-Standard entsprechen, nicht zuletzt auch, weil die Miet- und Kaufpreiserlöse die höheren Baukosten dieser Wohnungen mehr als kompensieren können. Mit einer bauakustisch besonders hochwertigen Bauweise sind in diesem Buch Konstruktionen für ein Anforderungsniveau von $D_{nT,w} \approx 70$ dB und $L'_{nT,w} \approx 35$ dB gemeint. Die dafür erforderlichen Dämmwerte erf. R'_w und zul. $L'_{n,w}$ ergeben sich aus den Raumabmessungen und unterscheiden sich meist nur um wenige dB von den nachhallzeitbezogenen Anforderungen.

Voraussetzung für einen hochwertigen Schallschutz ist die weitgehende *Reduzierung oder Vermeidung von Flankenübertragungen*, die eine häufig hohe Direktdämmung der eigentlichen Trennbauteile deutlich schmälern. Will man deren Dämmung ohne die „Flankenverluste" voll ausnutzen, so müssten die in Bild 2.1 bereits aufgezeigten Wege Df, Fd und Ff ausgeschaltet werden. Dies mit schalldämmenden Vorsatzschalen an den flankierenden Bauteilen erreichen zu wollen, ist ein möglicher aber kein guter Weg, denn es gibt u. U. Probleme mit einer verstärkten Abstrahlung tiefer Frequenzen im Resonanzbereich der Vorsatzschale. Also gilt mal wieder „Masse ist Klasse"; und folgende *konstruktive Planungsgrundsätze* sollten berücksichtigt werden:

Wohnungstrenndecken

– so schwer und biegesteif wie möglich –

z. B. mindestens 25 cm, besser 30 cm dicke Stahlbeton-Plattendecken, Oberfläche geglättet, z. B. mit Ausgleichschüttung oder Verbundestrich bzw. Estrich auf Trennlage (aber ohne Hohlstellen zwischen Trennlage und Rohdeckenoberfläche!), Oberdecke und Deckenauflage nach Tabelle 8.1; keine Unterdecke.

Tabelle 8.1 Fußböden mit hoher Trittschalldämmung

Lfd. Nr.	Oberdecke + Deckenauflage (s. Tab. 5.4)		Bemerkung
1	OD1, OD2	DA7 oder DA8	DA8 am wirksamsten, auch raumakustisch
2	OD3, OD4, OD5	möglich sind alle Deckenauflagen	bei OD4 könnten Sanitär- und Elektroinstallationen im Hohlraum verlegt werden

Wohnungstrenn- und Treppenraumwände

– in Massivbauweise so schwer und biegesteif wie möglich –

z. B. einschalige homogene (hohlraumfreie) Massivwände aus Stahlbeton, Sichtmauerwerk (Klinker o. Ä.) oder nass verputztem Mauerwerk (kein Trockenputz!), kraftschlüssig mit dem Deckenbeton verbunden, flächenbezogene Masse $m' \geq 600$ kg/m^2, oder dreifach beplankte Doppelständerwände in brandschutztechnischer und einbruchsicherer Bauweise.

Zimmertrennwände

– leicht und biegeweich –

Trockenbauwände aus biegeweichen Schalen als Einfach- oder Doppelständerwände, Aufbau je nach gewünschter Luftschalldämmung innerhalb der Wohnungen, beidseitig einfach oder mit 2 × 12,5 mm dicken Gipskartonplatten beplankt, mit Hohlraumbedämpfung (wobei die doppelte Beplankung für mehr Stabilität und Schallschutz innerhalb der Wohnung sorgt), Einbau von Rohdecke bzw. Verbundestrich bis Rohdeckenbeton oder bis zum Deckenputz, ggf. mit gleitendem Deckenanschluss.

Treppen

– konsequent körperschallentkoppelte Treppenläufe (s. Bild 5.8) –

besser jedoch, weil ausführungssicherer,

– Fugenlose Ortbetontreppe mit Teppich auf Filzunterlage (s. Bild 5.9) –

Wohnungseingangstüren

– schwere Türen mit doppelter Zargendichtung –

z. B. Türen nach E VDI 3728:2010-01 [29] mit schweren mehrschichtigen Türblättern, $m' \geq 25$ kg/m^2, dreiseitig mit doppelter Zargendichtung und doppelter Bodendichtung, $R_w \approx 45$ dB; $R'_w \approx 40$ dB

Außenwände

– innere Schale möglichst schwer und hohlraumfrei (weiterer Aufbau s. Abschnitt 7.5) –

Diese bauakustisch guten konstruktiven Voraussetzungen sind durch einen adäquaten Schallschutz bei den TGA-Anlagen und durch die bauakustischen Eigenschaften der Oberdecken und Deckenauflagen zu ergänzen. die für die schalltechnische Qualität einer Wohnung besonders wichtig sind. Schließlich werden diese Flächen durch das Begehen meist häufiger einer unmittelbaren Körperschallanregung ausgesetzt als z. B. Installationswände. Daher kommen die in Tabelle 8.1 genannten Oberdecken (OD) und Deckenauflagen (DA) nach Tabelle 5.4 für die angestrebte hohe Trittschalldämmung in Betracht.

9 Bauen im Bestand

Beim Bauen im Bestand wird in diesem Buch unterschieden zwischen

a) *sanierungsbedürftigen Neubauten in Massivbauweise,*
   die etwa zwischen 1920 und 1940 und nach dem 2. Weltkrieg, teilweise und hauptsächlich in der ehemaligen DDR industriell vorgefertigt, entstanden sind: Eine deutliche Verbesserung des ursprünglichen und besonders nach unseren heutigen Vorstellungen unzureichenden Schallschutzes in diesen Bauten (s. auch Tabelle 3.2 mit den DDR-Anforderungen) wäre möglich, wenn durch Beseitigung oder Austausch biegesteifer leichter massiver Zimmertrennwände und ggf. Neuaufteilung der Wohnung mit biegeweichen Trockenbauwänden die Flankenübertragung reduziert, Platz für Vorsatzschalen an den Wohnungstrenn- und Treppenhauswänden geschaffen und auch die Trittschalldämmung der Decken verbessert wird. Ausführliche Hinweise zu diesem Fragenkomplex enthält [10].

b) *erhaltenswerten Mehrfamilienhäusern,*
   vorwiegend gebaut um 1870 bis 1914, die sich nach einfühlsamer Restaurierung ihrer Fassaden und Treppenhäuser und durch den Einbau moderner Sanitär- und Küchentechnik steigender Beliebtheit erfreuen, besonders die ausgebauten Dachgeschosse, aber auch die Lofts in ehemaligen Fabrikgebäuden.

Bild 9.1 zeigt, welche Bauweise gemeint ist, Bürgerhäuser des gehobenen Standards: Schwere Ziegelwände und Holzbalkendecken mit üppig für große Spannweiten bemessenen Balkenquerschnitten, einer schweren Auffüllung zwischen den Balken und einer nicht zu leichten (wenn auch nicht „entkoppelten") Unterdecke. Die Anatomie zeigt damit auch sehr gut, wo die Ansätze für eine Verbesserung der Luft- und Trittschalldämmung alter Holzbalkendecken liegen: So kann, wie z. B. Bild 9.3 zeigt, die Tragfähigkeit der eventuell durch Abbeilen vom Schwamm befreiten Balken durch Balkenverstärkungen (im Berliner Kalkkastenjargon „Knacken" genannt) wiederhergestellt oder gar erhöht werden. Der bauakustische Vorteil dieser alten Bauweise ist dem Umstand zu verdanken, dass durch die Art des Anschlusses der Zimmertrennwände an den Holzbalkendecken kaum eine nennenswerte lotrechte Flankenübertragung zwischen übereinander liegenden Wohnungen die Dämmung verschlechtert, sodass sich die mögliche Schalldämmung der nach heutigem Kenntnisstand bauakustisch richtig sanierten Holzbalken-Wohnungstrenndecken voll entwickeln kann. Natürlich muss erwähnt werden, dass längst nicht alle Altbauten aus dieser Zeit gute Voraussetzungen für attraktives Wohnen mit einem schalltechnisch brauchbaren Ausbau bieten. Erwähnt sei hier nur die sozialfeindli-

Bild 9.1 Typischer Altbau um 1900 (aus [39]). Diese Bauweise war schalltechnisch gar nicht so schlecht und deutlich besser als ihre Nachfolgerinnen

che Hinterhofbauweise in vielen der seinerzeit durch die Industrialisierung schnell gewachsenen Städte, in der gesundheitliche und hygienische Probleme die des Schallschutzes in den Schatten stellten und die deswegen später vielerorts auch zu Recht der Abrissbirne zum Opfer fielen.

9.1 Ausbau von Dachgeschossen

Der Ausbau von Dachgeschossen und die Sanierung bzw. „schalltechnische Aufrüstung" der Decke zwischen oberstem Wohngeschoss und Dachboden zur künftigen

9.1 Ausbau von Dachgeschossen

Wohnungstrenndecke ist eine Aufgabe, die eine besondere Rücksichtnahme gegenüber den Bewohnern des bis dahin obersten Wohngeschosses erfordert, denn sie müssen nicht nur den (kaum vermeidbaren) Baulärm ertragen, sondern auch dem Tag entgegenbangen, an dem sie zum ersten Mal befürchten müssen, mit der bis dahin nicht gekannten Störung durch den Trittschall der neuen Mieter über ihnen konfrontiert zu werden. Also sollte man die neue Wohnungstrenndecke so ausbauen, dass eine Trittschalldämmung erreicht wird, die auch empfindliche Bewohner zufriedenstellt. Dies war bei den Mietern der Wohnung unter der in Bild 9.2 gezeigten Decken der Fall.

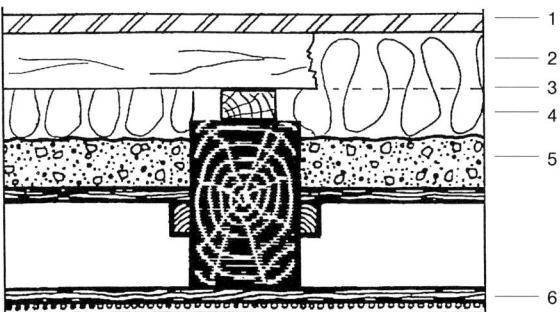

1: 28 mm Spanplatten
2: 80/50 mm Lagerhölzer
3: 150 mm Mineralwolle
4: 50/80 mm Lagerhölzer
5: Schüttung in alter Holzbalkendecke
6: Sparschalung mit verputztem Rohrgewebe

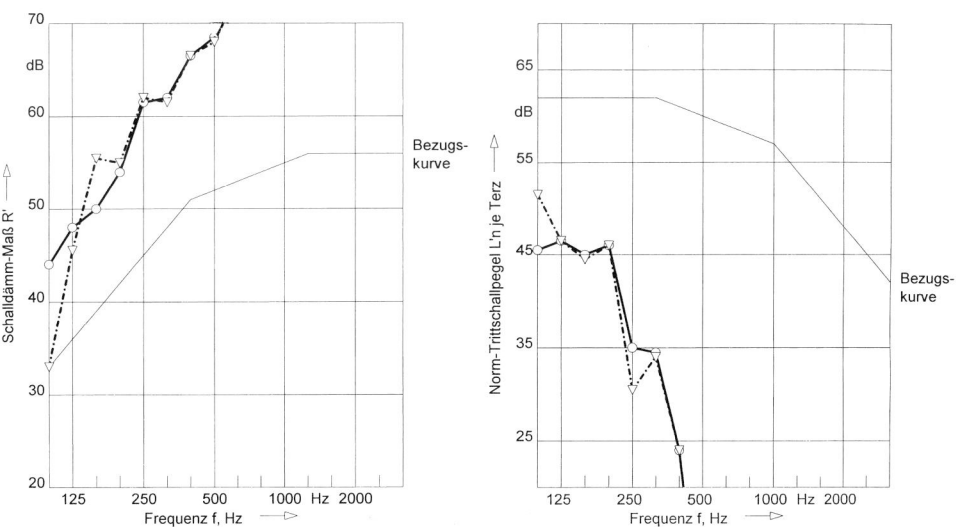

Bild 9.2 Luft- und Trittschalldämmung zweier Altbau-Holzbalkendecken mit neuem Fußbodenaufbau in ausgebauten Dachgeschossen. R'_w = 67(−3) dB und 69(−3) dB; $L'_{nT,w}$ = 36(1) dB und 34(1) dB

Bild 9.3 Sanierung einer von Schwamm befallenen Holzbalkendecke durch seitlich angebrachte Balkenverstärkungen an den abgebeilten Holzbalken

Häufig sind in alten Bauten die Decken zum auszubauenden Dachgeschoss in einem erschreckenden Zustand. Vom Schwamm befallene Deckenbalken werfen gelegentlich die Frage auf, ob eine solcherart geschädigte Decke bautechnisch überhaupt so weit instand gesetzt werden kann, dass sie die aufzunehmende Verkehrslast bei dennoch geringer Durchbiegung aufnehmen und überdies auch noch gut schalldämmend konstruiert werden kann. Man kann, wie die Bilder 9.3 und 9.4 zeigen!

Eine ähnlich aufgebaute Decke mit ebenfalls sehr guter Schalldämmung zeigt das Bild 9.5, obwohl die Lagerhölzer nicht von den Deckenbalken durch Dämmstreifen entkoppelt waren.

Die *Wohnungstrennwände* können beim Dachgeschossausbau in älteren Reihenhäusern, die im Gegensatz zur modernen Bauweise nicht aus zwei voneinander getrennten Massivschalen bestehen, mit Vorsatzschalen gedämmt werden, was Bild 9.6 verdeutlicht. Hätte man auch hier den dämmverschlechternden Trockenputz beseitigt und ebenfalls durch eine biegeweiche Vorsatzschale ersetzt, wären mit Sicherheit $R'_w \geq 63$ dB erreichbar gewesen, vorausgesetzt, dass die Resonanzfrequenz der zweiten Vorsatzschale sich durch eine schwerere Doppelbeplankung und größerer Hohlraumtiefe deutlich von der bereits vorhandenen Vorsatzschale unterschieden hätte.

Eine bauakustisch besonders wirksame Lösung zeigt das Sanierungsbeispiel des Bildes 9.7.

9.1 Ausbau von Dachgeschossen 87

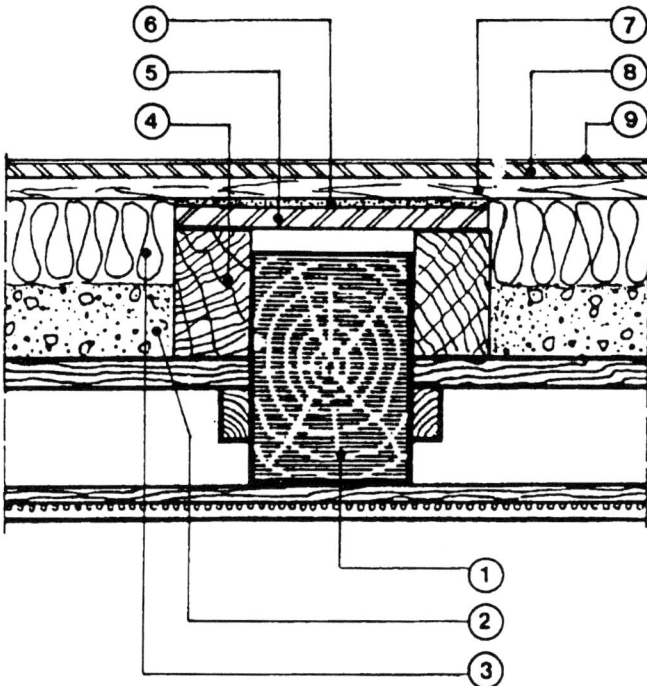

Bild 9.4 Schalltechnisch verbesserte alte Holzbalkendecke nach Bild 9.3 unter einem ausgebauten Dachgeschoss. Die teilweise abgebeilten Balken wurden durch seitliche Hölzer verstärkt. Die Rohrputzschale mit Stuckverzierung blieb erhalten. Schalldämmung ähnlich Bild 9.2.
1 vorhandene alte Holzbalkendecke
2 alte Schüttung (sollte wegen der Schalldämmung erhalten bleiben)
3 Mineralfaserplatten oder -filze
4 Balkenverstärkung
5 22 mm Spanplatte
6 10 mm Gummigranulatplatten
7 28 mm Blindboden
8 19 mm Nut- und Feder-Spanplatten
9 beliebiger Fußboden

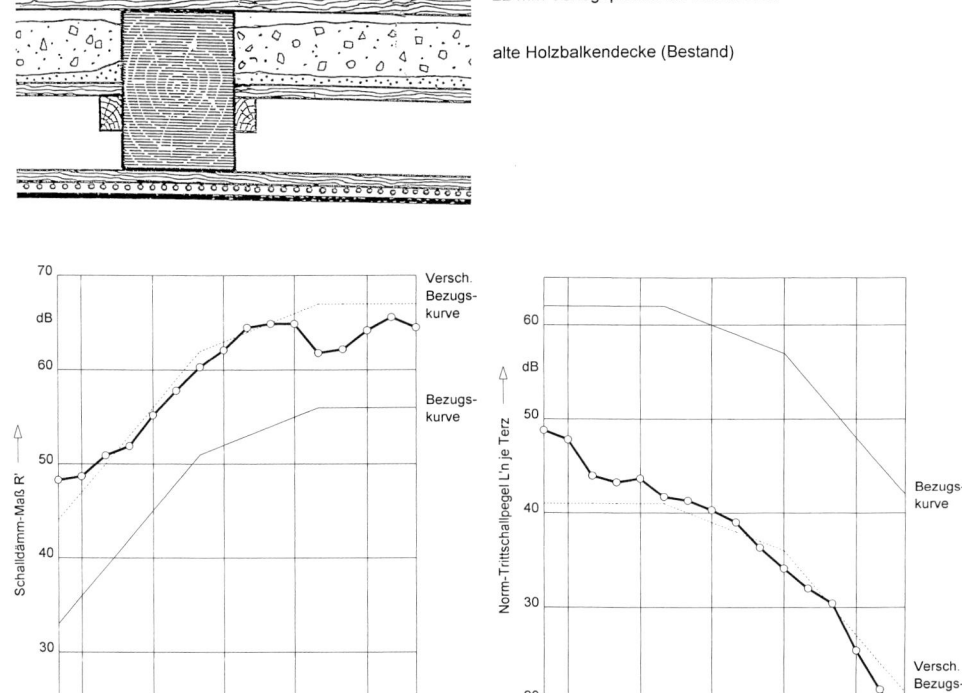

Bild 9.5 In Trockenbauweise schalltechnisch verbesserte alte Holzbalkendecke bei Erhalt der vorhandenen Stuck-Unterdecke; gute Schalldämmung mit $R'_w = 63(-1)$ dB und $L'_{n,w} = 39(0)$ dB

9.1 Ausbau von Dachgeschossen

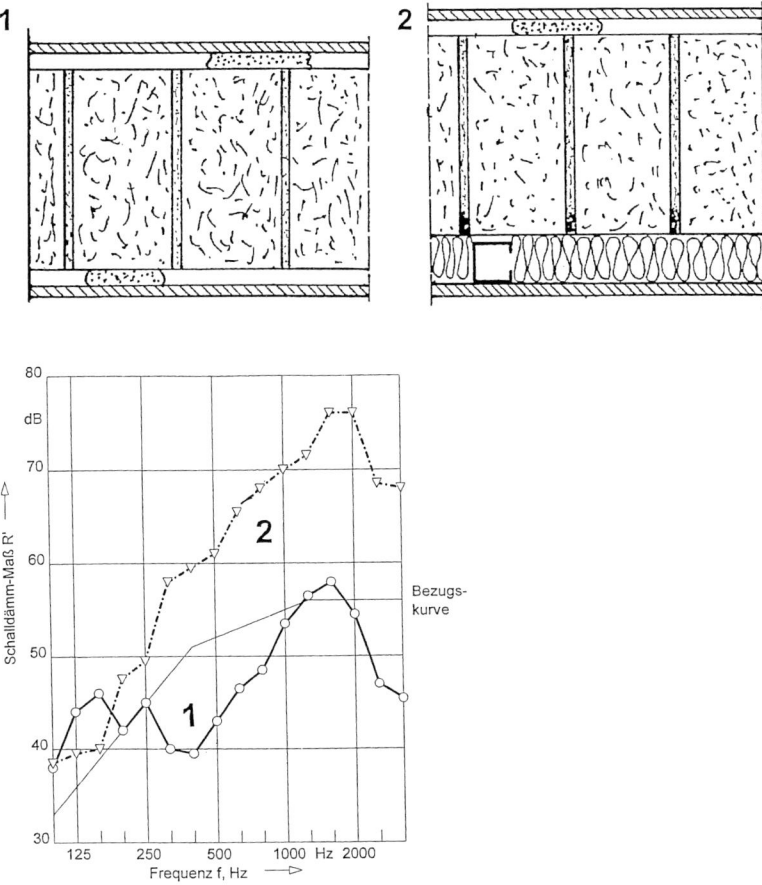

Bild 9.6 Haustrennwände als neue Wohnungstrennwände in ausgebauten Dachgeschossen
1 Verschlechterung durch Trockenputz, $R'_w = 48(-1)$ dB
2 durch nur einseitige Vorsatzschale $R'_w = 61(-3)$ dB

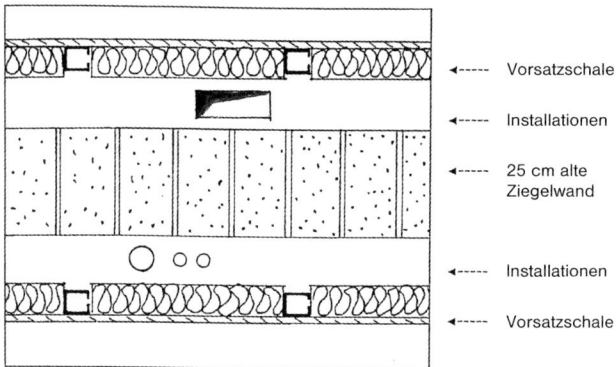
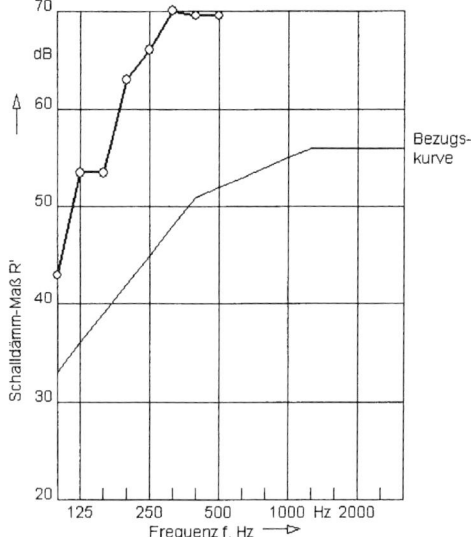

Bild 9.7 Auf $R'_w = 73(-3)$ dB verbesserte Wohnungstrennwände in ausgebauten Dachgeschossen einer Reihenhaussiedlung; Verkleidung der Installationen durch schalldämmende Vorsatzschalen

9.2 Lofts

Das Wohnen in zu Wohnzwecken ausgebauten ehemaligen Fabrikgebäuden, den sogenannten *Lofts,* erfreut sich bei jungen Leuten, Wohngemeinschafen und Künstlern mit ihren Ateliers zu Recht steigender Beliebtheit. Die Gründe sind vielfältig: Die Flächen und auch die Raumhöhen sind großzügig und ermöglichen nahezu beliebige und bei wechselndem Bedarf auch relativ leicht mit Trockenbauelementen zu verändernde Raumaufteilungen. Bei den meist für höhere Verkehrslasten ausgelegten Decken können Fußboden- und ggf. Unterdecken eingebaut werden, die selbst höchste bauakustische Ansprüche befriedigen, beispielsweise beim Musizieren. Bild 9.8 zeigt beispielhaft einen gut Tritt- und Luftschalldämmenden Boden-

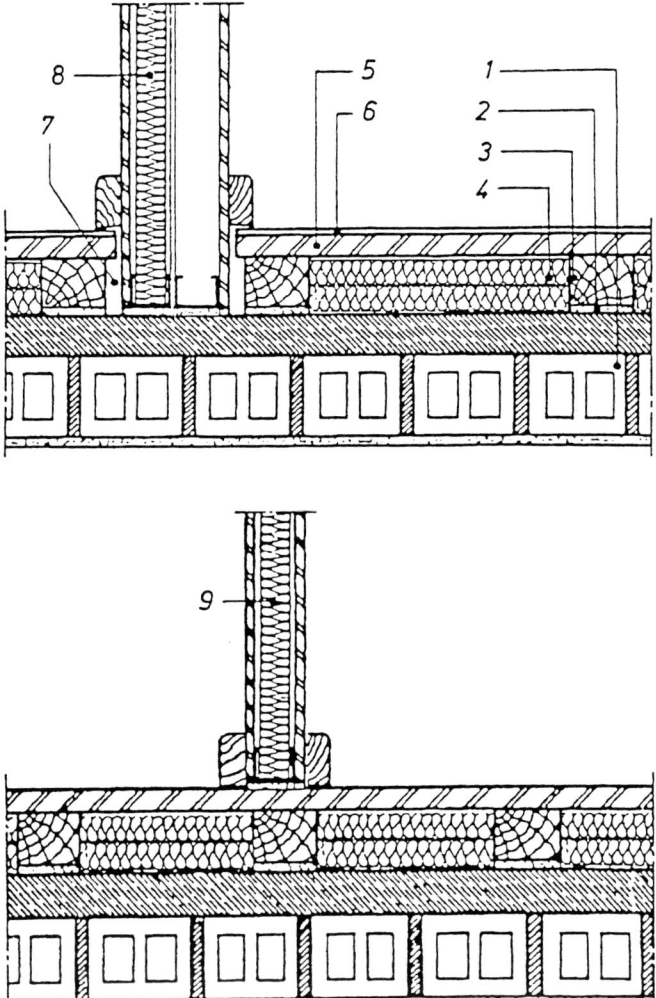

Bild 9.8 Lofts: Schalltechnische Aufrüstung massiver Geschosstrenndecken in einem ehemaligen Fabrikgebäude beim Ausbau von Wohnungen

1 alte Massivdecke, durch Aufbeton verbessert
2 ca. 10–20 mm Dämmstreifen aus Gummigranulat
3 60/80 mm Lagerhölzer
4 Mineralfaserfilze, hohlraumfüllend, darin Elektroinstallationen
5 Spanplatten
6 beliebiger Fußboden
7 Fuge zwischen Boden und Wand belassen
8 Doppelständer-Wohnungstrennwand
9 Einfachständer-Zimmertrennwand, ggf. mit Fuge im Fußboden

aufbau auf der Deckenoberseite, der neben der Trockenbauweise noch andere wichtige Vorteile aufweist, z. B. freie Wahl der Deckenauflage (s. auch Tabelle 8.1), Freizügigkeit der Verlegung von Elektro- und Sanitärleitungen u. Ä. Zimmertrennwände können auf dem Fußboden stehen oder, bei Ansprüchen an den Schallschutz innerhalb einer Nutzungseinheit, auf dem Deckenbeton, genauso wie die Wohnungstrennwand, bei der dies notwendig ist und die meist mit einer Doppel- oder Dreifachbeplankung ausgeführt wird.

Der Zugang zu den Räumen von Lofts erfolgt meist unmittelbar vom Treppenhaus oder -flur, sodass die Dämmwirkung eines Wohnungseingangsflures entfällt. Daher sollte die Loft-Eingangstür im eingebauten Zustand eine mit $R_w \approx 35$ bis 40 dB gute Schalldämmung aufweisen.

10 Merksätze zum Schallschutz von Wohnungen

- Im Wohnungswesen befasst sich die Bauakustik mit dem Schallschutz/der Schalldämmung zwischen Wohnungen innerhalb ein und desselben Gebäudes, zwischen Reihen- und Doppelhäusern sowie mit dem Schutz der Wohnungen gegen Außenlärm.
- Für Wohnungen hat der Schallschutz höchste Priorität (Ruhebedürfnis, Wahrung der Intimsphäre, niedrige Grundgeräuschpegel nachts, Immobilität, Geldanlage etc.). Bei Mehrfamilienhäusern beginnt ein guter Schallschutz mit *schalltechnisch guten Grundrissen*. Allerdings ermöglichen *Vorwandinstallationen* in Verbindung mit leisen Armaturen und gut schalldämmenden Trennwänden auch das unmittelbare Aneinandergrenzen von Bädern und Schlaf-/Wohnzimmern benachbarter Wohnungen.
- Entscheidend für einen guten Schallschutz zwischen Wohnungen sind eine schwere Rohbaukonstruktion (Masse ist Klasse!) und biegeweiche Trockenbauwände zur Raumaufteilung innerhalb der Wohnungen.
- *Schalldämmung* ist nicht zu verwechseln mit *Schallschutz*. Die Schalldämmung ist eine bauteilspezifische Eigenschaft von Trennbauteilen wie z. B. Decken, Wände, Türen, Fenster etc., hingegen wird der Schallschutz beschrieben durch die *Pegeldifferenz* zwischen zwei Räumen. Bei gleicher Dämmung verbessert sich der Schallschutz je größer die Raumvolumina und je niedriger die Nachhallzeiten sind.
- Die alte gegenwärtig (2011) baurechtlich noch anzuwendende DIN 4109 „Schallschutz im Hochbau" von 1989 nennt die Anforderungen an den Schallschutz zwischen Wohnungen auf der Basis von *Dämmwerten* (bewertete Schalldämm-Maße R'_w und bewertete Norm-Trittschallpegel $L'_{n,w}$), hingegen stellt die zurzeit noch im Entstehen begriffene neue DIN 4109 Anforderungen an den *Schallschutz* (bewertete Standard-Schallpegeldifferenz $D_{nT,w}$ und bewerteter Standard-Trittschallpegel $L'_{nT,w}$), aus denen dann die Dämmwerte berechnet werden müssen. Dieses Verfahren ist zwar etwas umständlicher, aber zweckentsprechender als das der alten DIN 4109, schließlich wird eine bestimmte Höhe des *Schallschutzes* angestrebt.
- Gut luftschalldämmende Wände sind entweder einschalig, schwer und ohne größere Hohlräume oder massiv mit biegeweicher Vorsatzschale. Zwischen Einfamilien-Reihen- und -Doppelhäusern sollten nur doppelschalige Massivwände mit bis zum Fundament durchgehender (schallbrücken- und flankenwegfreier) Fuge vorhanden sein bzw. gebaut werden.

- Schalltechnisch ungünstig sind einschalige Wände aus Gipsdielen, Langlochziegeln, Porenbeton und ähnlichen Baustoffen, ca. 5 bis 10 cm dick, auch und besonders als flankierende Wände, d. h. als Nebenwege. Besser dämmend, also vorteilhafter, z. B. als Zimmertrennwände, sind *Trockenbauwände* aus biegeweichen Schalen, z. B. Gipskartonplatten).
- Decken sollten ebenfalls möglichst schwer und ohne Hohlräume sein. Bei besonders dicken Decken kann gegebenenfalls auf Böden mit hoher Trittschalldämmung (schwimmende Estriche oder Teppiche) verzichtet werden. Laminat- oder Parkettböden auf dünnen Dämmschichten (oder auf alten Teppichen) sind nicht zu empfehlen.
- *Holzbalkendecken* können schalltechnisch guten Massivdecken ebenbürtig sein, aber nur wenn bei sanierten Decken die schwere Auffüllung zwischen den Balken nicht entfernt wurde und der Aufbau eines neuen Fußbodens bauakustisch richtig erfolgte (s. Beispiele in Abschnitt 9.1). Trotzdem: Das dumpfe „Wummern" beim Begehen einer Holzbalkendecke lässt sich kaum verhindern.
- Reihen- und Doppelhäuser in ruhigen Stadtrandlagen sind schalltechnisch besonders empfindlich, weil der „Maskierungspegel" fehlt und die Herkunftsrichtung der Geräusche bei nur einem oder höchstens zwei Nachbarn besonders auffällt.
- Die zum *Schutz gegen Außenlärm* gültigen Anforderungen an die Schalldämmung der Fenster sind im Allgemeinen ausreichend. Eine weitere Erhöhung der Fensterdämmung ist nicht sinnvoll, weil dadurch die innerbaulichen Schallübertragungen deutlicher hörbar werden können.
- Schwimmende Oberdeckenaufbauten (Estriche, Holzfußböden) sind, wenn überhaupt, z. B. bei leichten Rohdecken, nur im Geschosswohnungsbau sinnvoll und auch nur, wenn sie konsequent schallbrückenfrei ausgeführt werden.
- Installationsgeräusche lassen sich häufig auch ohne bauliche Eingriffe durch Auswechselung lauter gegen leise Armaturen mindern oder ganz beseitigen.
- Wärmedämmverbundsysteme können unter Umständen die Schalldämmung von Außenwänden verschlechtern, sodass Verkehrslärm verstärkt hörbar wird.
- Vorsicht bei Anpreisungen wie Schallschutz nach DIN oder Wohnung in verkehrsgünstiger Lage.

11 Wohnen und Raumakustik

Zur Zufriedenheit mit der „Akustik der eigenen Wohnung" trägt natürlich zu allererst ein guter Schallschutz gegenüber den Nachbarn und dem Außenlärm bei. Gelegentlich wird aber auch die *Raumakustik,* also das was sich innerhalb eines Raumes akustisch abspielt, bemängelt, besonders von gehörsensiblen Bewohnern und dies meist in großen sparsam/modern ausgestatteten Wohnräumen in denen eine unangenehme *Halligkeit* („Überakustik") mit Nachhallzeiten von mehr als ca. 1 s beklagt wird, was doppelt so lang ist, wie in Räumen, deren Größe und Möblierung dem Üblichen entspricht. Plüschüberladene Räume im Möblierungsstiel der Belle Époque mit Stilmöbeln, Stofftapeten, dick gepolsterten Sitzmöbeln, Ölgemälden auf hohlliegendem Leinen etc. sorgten für eine hohe Schallabsorption, und damit für kurze Nachhallzeiten. Ähnliches gilt für die Mehrzahl üblich möblierter Wohn-, Schlaf-, Kinder- und Arbeitszimmer, deren Nachhallzeiten sich auch in kleineren Räumen um einen Standardwert von 0,5 s gruppieren und die in der Regel auch keinen Anlass zur Klage bieten. Den Eindruck einer unangenehmen Halligkeit empfindet man hingegen oft in quaderförmigen Räumen, deren Einrichtung sparsam, modern ist und durch nur wenige Textilien bestimmt wird. Als besonders unangenehm wird die Akustik in diesen Räumen empfunden, deren sechs Raumbegrenzungsflächen nicht schwingungsfähig sind, d. h. aus schweren Massivwänden und Decken, dicken Verglasungen und Türen und harten Fußböden wie Parkett, Marmor o. Ä. bestehen und bei denen wenigstens eine Raumdimension kleiner als etwa 5 m ist, z. B. die Raumhöhe. In diesen Räumen bilden sich Eigenresonanzen, sogenannte *Raummoden,* im unteren Frequenzbereich von etwa 50 bis 200 Hz aus [30], die besonders die Sprachverständlichkeit und auch das Musizieren nachhaltig beeinträchtigen. Ein Beispiel hierzu enthält Bild 11.1. Die in dem 120 m^3 großen Speisezimmer, z. T. auch in verschiedenen Sprachen geführten Gespräche und Diskussionen, waren bei dem ursprünglichen Verlauf der Nachhallzeit mit einem Wert von über 3 s bei 100 Hz nicht und erst nach dem Einbau von dreieckigen Kantenabsorbern in den Raumecken möglich.

Besonders wichtig ist eine gute Raumakustik in Räumen, in denen nicht nur gewohnt, sondern auch musiziert werden soll. Derartige Räume dürfen nicht zu klein, nicht orthogonal und nicht zu „*trocken*" (nachhallarm) sein. Eine sparsame Möblierung und Bedämpfung der tiefen Frequenzen, aber auch eine gute Diffusität des Schallfeldes ist anzustreben. Geradezu ideal waren in dieser Hinsicht die aus vergangenen Epochen bekannten Räume mit hohl liegenden Holzvertäfelungen, Parkettboden, kassettierten Decken und sparsamer Verwendung von Teppichen, Vorhängen und textilbezogenen Sitzmöbeln.

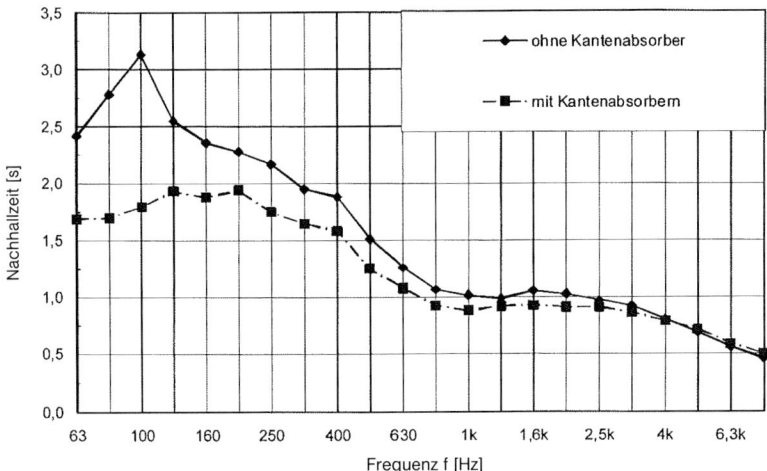

Bild 11.1 Nachhallzeit in einem 120 m³ großen Speisezimmer vor und nach Einbau von Kantenabsorbern zur Absorption tiefer Frequenzen, gemessen ohne Personen

Anhang 1
Schall, Wellenlänge, Frequenz, Schalldruck, Schallpegel, Hörfläche

Schall ist eine sich zeitlich und räumlich fortpflanzende Welle, die sich nicht nur in Luft *(Luftschall)* sondern auch in Gasen, Festkörpern *(Körperschall)* und Flüssigkeiten fortpflanzen kann. Die Entstehung und Fortpflanzung einer Luftschallwelle zeigt Bild A 1.1.

Man erkennt, wie die Bewegung der Teilchen zu Verdichtungen und Verdünnungen der Luft, also zu kleinen Luftdruckschwankungen (Wechseldruck) p führen. Die Fortpflanzungsgeschwindigkeit der Luftschallwelle beträgt $c = 340$ m/s und der Quotient aus c und der Wellenlänge λ ist die Frequenz $f = c/\lambda$ [Hz], also die Anzahl der Schwingungen pro Sekunde.

Der Mensch hört Frequenzen von 16 Hz (sehr tiefer Ton) bis ca. 16.000 Hz (sehr hoher Ton).

Die Luftdruckschwankungen Δp überlagern sich dem atmosphärischen Ruhedruck p_0, der bei einer mäßigen Tiefdruckwetterlage etwa $p_0 = 1000$ hPa $= 10^5$ Pa $= 10^{11}$ µPa beträgt. Eine mittellaute Unterhaltungslautstärke mit einem Schallpegel von ca. 54 dB entspricht einem Schalldruck von 10^4 µPa und damit nur einem Zehnmillionstel des atmosphärischen Luftdruckes. Auch ist die Schwingungsamplitude des

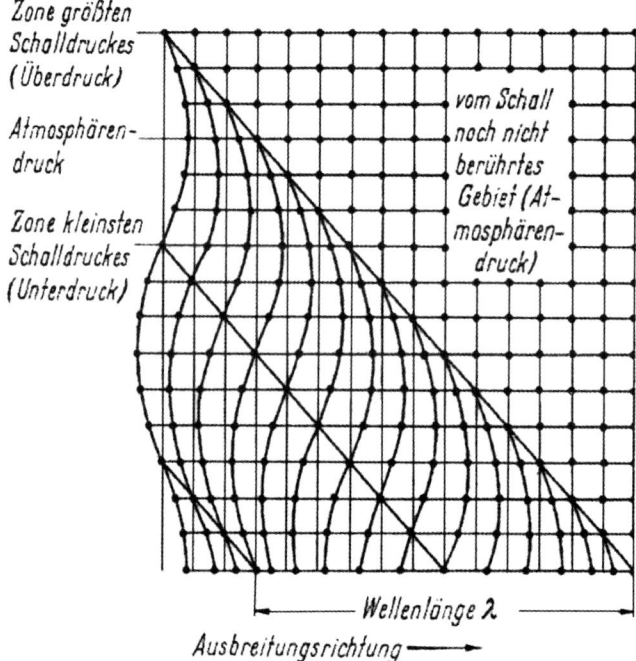

Bild A 1.1 Entstehung und Fortpflanzung von Luftschallwellen

menschlichen Trommelfells nicht größer als der Durchmesser eines Wasserstoffatoms. Hieraus mag man die enorme Empfindlichkeit des Wunderwerks Ohr ermessen.

Der Schalldruck umfasst vom leisesten bis zum lautesten Schall einen Wertebereich von ca. 20 µPa bis 200.000.000 µPa. Das Rechnen mit so großen Zahlenbereichen wäre fehleranfällig und viel zu unbequem. Bildet man jedoch den Ausdruck

$$L_p = 20 \lg (p/p_0) \quad [\text{dB}] \quad \text{bzw.} \quad L_p = 10 \lg (p^2/p_0^2) \quad [\text{dB}] \qquad (A\,1.1)$$

so entsteht vom kleinsten Schalldruck p_0, dem Bezugs-Schalldruck von 20 µPa, bis zum lautesten p_{max} eine Skala von 0 bis 140, die auch recht gut zu der von unserem Gehör empfundenen Abstufung passt, d. h. von sehr leise bis sehr laut können wir ca. 140 Mal eine gerade hörbare Pegelerhöhung bemerken.

L ist der Schalldruckpegel, der in dB (Dezibel) angegeben wird.

Frequenzbereich und Schallpegelskala begrenzen die sog. *Hörfläche*. Nach unten verhindert die *Hörschwelle*, dass wir die thermische Molekularbewegung und damit ein ständiges Rauschen hören und die Abnahme der Empfindlichkeit zu tiefen Frequenzen bewahrt uns davor, die Geräusche unseres Körpers, also Blutkreislauf, Puls, Verdauung etc. hören zu müssen.

Zwischen etwa 2000 und 6000 Hz ist das menschliche Gehör am empfindlichsten und je tiefer ein Ton ist (bis herab zu 16 Hz), umso höher muss der Schallpegel sein, um ihn hören zu können. Die geringere Empfindlichkeit unseres Gehörs bei tiefen Frequenzen wird bei Geräuschmessungen und -berechnungen durch die *A-Bewertungskurve* berücksichtigt (s. Anhang 3), ebenso im Bereich der Bauakustik durch den Verlauf der Bezugskurven für die Luft- und Trittschalldämmung (s. Anhänge 9 und 12).

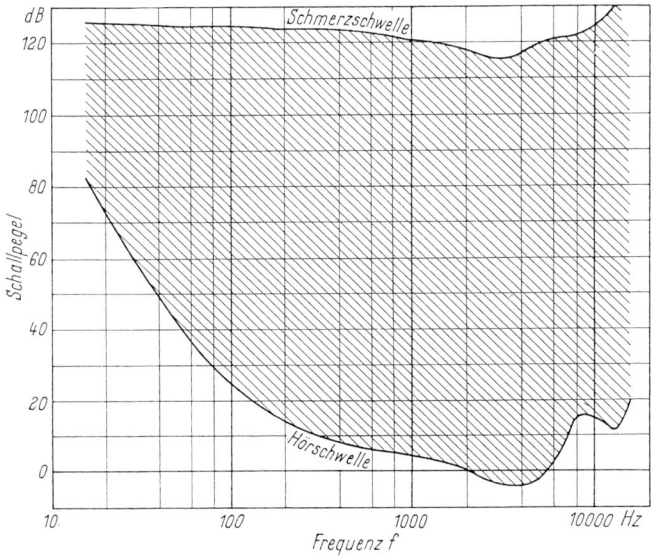

Bild A 1.2 Hörfläche des Menschen

Anhang 2
Lautstärke und Lautheit

Aus der in Bild A 1.2 abgebildeten Hörfläche ist ersichtlich, dass bei niedrigen Schallpegeln in der Nähe der Hörschwelle die Frequenzabhängigkeit der Hörempfindung viel stärker ausgeprägt ist als im höheren Pegelbereich. Die in Bild A 2.1 dargestellten *Kurven gleicher Lautstärke* verdeutlichen, dass die Frequenzabhängigkeit der Lautstärkeempfindung in der ganzen Hörfläche vorhanden ist. So erfordert die Wahrnehmbarkeit tiefer Töne wesentlich höhere Schalldruckpegel als bei mittleren Frequenzen und im Bereich von ca. 2000 bis 6000 Hz ist es umgekehrt: Hier ist das Gehör am empfindlichsten, was jeder Normalhörende durch die Lästigkeit schriller Töne, durch Kreischen etc. kennt.

Unter dem Lautstärkepegel L_N eines Schalls versteht man denjenigen Pegel eines 1000-Hz-Tones, der genauso laut gehört wird wie der zu beurteilende Schall. L_N ist wie folgt definiert:

$$L_N = 20 \lg (p/p_0) \quad [\text{phon}] \quad (A\ 2.1)$$

mit

p Schalldruck eines 1000 Hz-Tones, der als gleich laut empfunden wird, wie der zu beurteilende Schall

p_0 Bezugs-Schalldruck 20 µPa

Beispiel

Anhand des Bildes A 2.1 würde also ein 50-Hz-Ton mit einem Schallpegel von 70 dB nur 40 phon, aber ein 3000-Hz-Ton mit einem Schallpegel von 90 dB 100 phon laut sein (s. Punktmarkierungen).

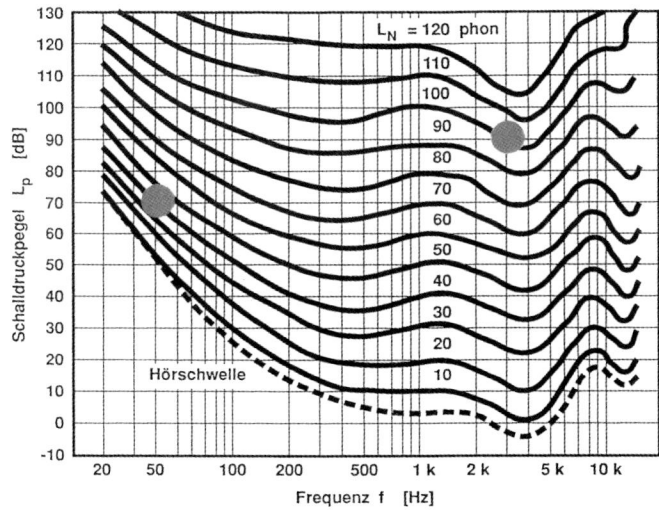

Bild A 2.1 Kurven gleicher Lautstärke für reine Töne im freien Schallfeld nach ISO 226 (In der Neufassung dieser Norm sind die Kurvenverläufe geringfügig geändert worden)

Schallschutz im Wohnungsbau: Gütekriterien, Möglichkeiten, Konstruktionen. W. Moll, A. Moll
© 2011 Ernst & Sohn GmbH & Co. KG. Published by Ernst & Sohn GmbH & Co. KG.

Der Begriff der dimensionslosen Einheit **phon** erfreut sich immer noch einer großen Popularität, weil er sich, sieht man von den individuellen Empfindungsunterschieden und anderen Ungenauigkeiten ab, zur Beschreibung der Lautstärkeempfindung eines Schalls gut eignet.

Von erheblicher Bedeutung in der Bauakustik ist jedoch die Kenntnis der empfundenen Veränderung des Lautstärkeeindrucks, wenn sich der Lautstärkepegel ändert. So werden bei Lautstärkepegeln über 40 phon Zu- oder Abnahmen des Lautstärkepegels um 10 phon annähernd als Verdoppelung oder Halbierung der Lautstärke empfunden. Daher wird ein 60 phon lauter Staubsauger als doppelt so laut wie einer mit 50 phon und nur halb so laut wie ein altes Modell mit 70 phon empfunden. Man hat daher den Begriff der Lautheit N eingeführt und nennt die Einheiten einer entsprechenden Skala sone. Lautheit N und Lautstärkepegel L_N hängen für $L_N \geq 40$ phon wie folgt zusammen:

$$N = 2^{0,1(L_N - 40)} \quad [\text{sone}] \tag{A 2.2}$$

oder für $N \geq 1$

$$L_N = 40 + 33{,}3 \lg N \quad [\text{phon}] \tag{A 2.3}$$

und für $N < 1$ sone

$$L_N = 40\,(N + 0{,}0005)^{0,35} \quad [\text{phon}] \tag{A 2.4}$$

Die Abhängigkeit der Lautheit N vom Lautstärkepegel L_N für den Bereich $L_N < 40$ phon zeigt die Kurve im Bild A 2.2

Unterhalb der 40-phon-Grenze, besonders bei $L_N \leq 20$ phon, bewirken also schon wesentlich kleinere Pegelsprünge eine Verdoppelung oder Halbierung der empfundenen Lautstärke, was insbesondere beim Schallschutz im Wohnungsbau wichtig ist, weil geringfügige Veränderungen der Schalldämmung von 1 oder 2 dB bei den niedrigen Empfangsraumpegeln schon deutlich hörbar sind. Gleiches gilt auch für eine nur geringfügige Verbesserung der Schalldämmung.

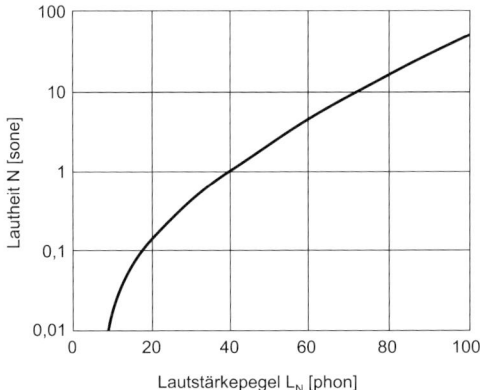

Bild A 2.2 Abhängigkeit der Lautheit vom Lautstärkepegel

Anhang 3
Frequenzbewertung, A-Schallpegel, C-Schallpegel, Geräuschspektrum, Mittelungspegel

Wollte man die akustischen Eigenschaften unseres Gehörs, insbesondere die von der Schallfrequenz abhängige Empfindungsstärke, in einem Messgerät annähernd empfindungsgetreu nachbilden, müssten Schallpegelmesser gebaut werden, die genau die *Kurven gleicher Lautstärke* (s. Bild A 2.1) elektrisch nachbilden. Dies wäre jedoch sehr aufwendig und überdies auch gar nicht notwendig, weil die Lautstärke der meisten Schallereignisse mit Schallpegelmessern gemessen werden können, die durch Frequenzbewertungskurven mit hinreichender Genauigkeit die subjektiv empfundene Lautstärke anzeigen. Früher hießen diese Geräte Lautstärkemesser, heute richtiger *Schallpegelmesser*, da sie nicht die *Lautstärke in phon*, sondern *bewertete Schallpegel in dB* messen, deren dB-Werte annähernd der empfundenen Lautstärke in phon entsprechen. Der große Vorteil dieser Messmethode liegt in der Unabhängigkeit vom individuellen Hör- und Empfindungsvermögen des Messenden, in der technischen Genauigkeit und Reproduzierbarkeit der gewonnenen Ergebnisse und damit auch in der Rechtssicherheit bei technischen Abnahmen, Kontrollmessungen, Streitigkeiten, Begutachtungen etc.

Das Bild A 3.1 zeigt die drei Frequenzbewertungskurven A, B und C nach DIN EN 61672-1, -2, -3, die in vereinfachter Form die Kurven gleicher Lautstärke nachbilden. Die daraus zu ersehenen Werte der Schallpegelkorrekturen ΔL werden von dem (unbewertet) gemessenen Spektrum abgezogen, wobei die zu tiefen Frequenzen größer werdenden Korrekturen die hier geringere Empfindlichkeit des Gehörs berücksichtigen.

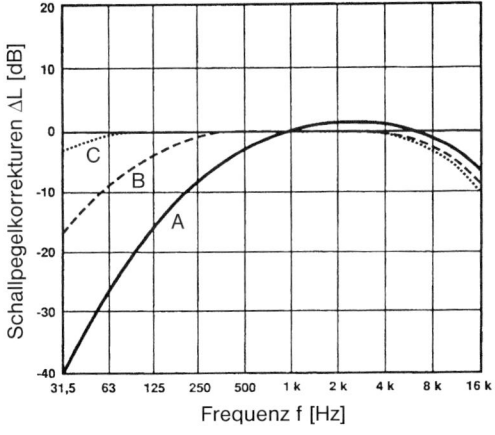

Bild A 3.1 Frequenzbewertungskurven A, B, C nach DIN EN 60651

Obwohl die drei Bewertungskurven die bei höheren Pegeln weniger ausgeprägte Frequenzabhängigkeit berücksichtigen, hat sich in der Praxis jedoch die Kurve A durchgesetzt, weil vor allem auch in der Bauakustik vorwiegend die niedrigen Pegelwerte unter ca. 40 phon von Interesse sind, wodurch die Vergleichbarkeit der Werte, also der A-Schallpegel L_A in dB(A), ermöglicht wird.

Die C-Bewertungskurve ist fast linear, sie korrigiert die unbewertet gemessenen Schallpegel nur um wenige dB im Bereich tiefer Frequenzen. Bildet man die Differenz der mit den Bewertungskurven A und C gemessenen Geräusche, also $L_C - L_A$, so erhält man einen Hinweis, ob das zu beurteilende *Geräuschspektrum*, also die Änderung des Schallpegels mit der Frequenz, stark tieffrequent betont ist oder nicht, s. hierzu die beiden Beispiele in Bild A 3.2.

a)
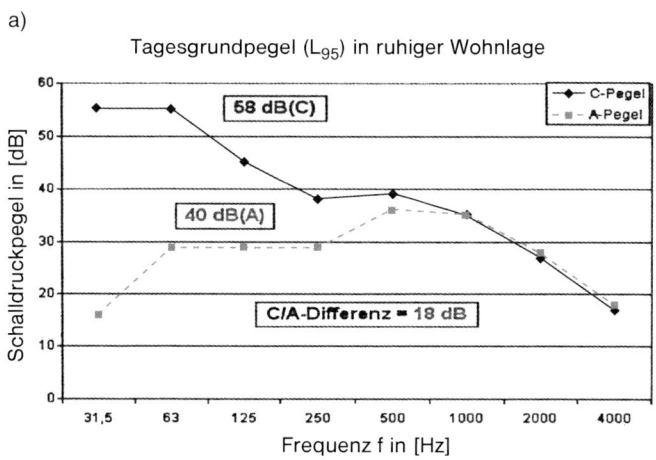

b)
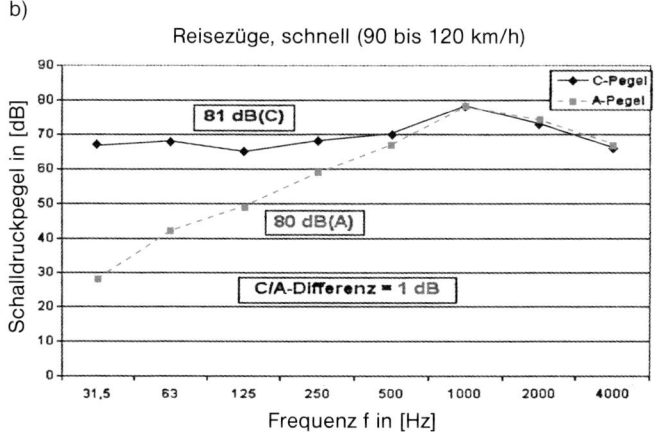

Bild A 3.2 a) Tieffrequentes Geräusch mit hoher C/A-Differenz, b) höherfrequentes Geräusch mit geringer C/A-Differenz

Zeitlich schwankende Pegel

Um die Stärke zeitlich schwankender Pegel $L(t)$ mit einer Zahl beschreiben zu können, ein sehr oft anzutreffender Fall, wurde der Mittelungspegel L_m, auch energieäquivalenter Dauerschallpegel L_{eq} genannt, eingeführt. Man könnte diesen Wert auch als *Lärmdosis* bezeichnen. Er entspricht einem gleichbleibenden Schallpegel, der in dem jeweilen Zeitabschnitt genauso viel Schallenergie abgibt, wie der zeitabhängig schwankende Pegel. Er eignet sich daher gut für die Formulierung von Anforderungen zum Lärmschutz durch einen oder wenige Zahlenwerte. L_m lässt sich also durch folgende Gleichung darstellen:

$$L_m = 10 \lg \left[\frac{1}{T_{mess}} \int_{T_{mess}} 10^{0,1 L_A(t)} dt \right] \quad [dB(A)] \quad (A\ 3.1)$$

mit

T_{mess} Messdauer

$L_A(t)$ Schallpegel zur Zeit t

Das Bild A 3.3 zeigt eine 10-minütige Registrierung des Verkehrslärmpegels am Kurfürstendamm in Berlin zur Rushhour. Dabei sind meist drei Werte besonders interessant, nämlich

- der Mittelungspegel $L_{A,m}$
- der mittlere Maximalpegel $L_{A,1}$ und
- der Grundgeräuschpegel $L_{A,95}$)

$L_{A,1}$ ist der gemittelte Pegel, der in 1 % und $L_{A,95}$ der Pegel, der in 95 % der Beobachtungsdauer überschritten wird.

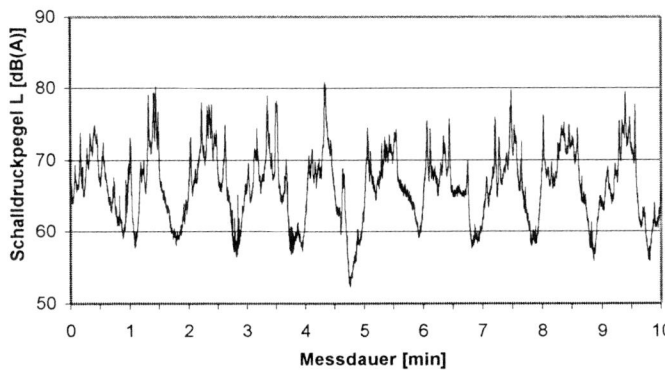

Bild A 3.3 Typischer $L_A(t)$-Verlauf von Verkehrslärm, gemessen in Berlin am Kurfürstendamm, 10 Minuten zur Rushhour
Einzahlwerte
$L_{A,1} = 77{,}4$ dB(A)
$L_{A,m} = 69{,}3$ dB(A)
$L_{A,95} = 58{,}4$ dB(A)

Anhang 4

Logarithmen – Addition und Subtraktion von Schallpegeln

Auch wenn selbst die bescheidenen Reste schulmathematischer Kenntnisse allmählich verblassen, sollte man sich mit Logarithmen befassen, weil ohne diese mathematische Spezies in der Akustik nichts läuft.

Im Anhang 1 wird gezeigt, wie man aus dem schwer zu handhabenden Schalldruckbereich von 20 µPa bis 200.000.000 µPa eine praktikable Skala von 0 bis 140 erhält, indem man den Ausdruck 20 lg (p/p_0) bildet. Je nach Größe des Schalldruckes p erhält man einen entsprechenden Schallpegel, der zwischen 0 und 140 dB liegt. Wie sieht es aber aus, wenn man zwei oder mehr Schallpegel addieren oder von einander abziehen will? Dann errechnet sich der Summenpegel L_{sum} mehrerer Einzelpegel L_i zu:

$$L_{sum} = 10 \lg \sum_{i=1}^{n} 10^{L_i/10} \quad [dB] \tag{A 4.1}$$

Bei n gleich lauten Schallpegeln L_i vereinfacht sich die Gleichung zu

$$L_{sum} = L_i + 10 \lg (n) \quad [dB] \tag{A 4.2}$$

wobei n die Anzahl der Schallquellen ist

Beispiel 1

Drei verschieden laute Schallquellen mit den Pegeln L_1 = 68 dB(A), L_2 = 66 dB(A) und L_3 = 70,5 dB(A) ertönen gleichzeitig in einem Raum. Wie hoch ist der Summenpegel?

$$L_{sum} = 10 \lg (10^{68/10} + 10^{66/10} + 10^{70,5/10}) = 73,3 \text{ dB(A)}$$

Beispiel 2

Eine um unsere Nase summende Mücke raubt uns mit einem Pegel von 25 dB(A) den Schlaf. Ein Mückenpärchen, also 2 Mücken, nerven uns schon mit 25 + 10 lg (2) = 25 + 10 · 0,3 = 28 dB(A), 5 Mücken schaffen schon 32 dB(A) und einen ganzen aus 10 Mücken bestehenden Schwarm würden wir mit 35 dB(A) hören, wenn er uns bis dahin nicht schon krankenhausreif gestochen hätte.

Bei Schallpegelmessungen, vor allem auch bei Dämmungsmessungen, ergibt sich häufig die Notwendigkeit, aus dem gemessenen Pegel L_{gem} einen Störgeräusch- oder Grundgeräuschpegel $L_{stör}$ „herauszurechnen" zu müssen, um den interessierenden (korrigierten) Pegel L_{korr} zu erhalten. Dies ist mit folgender Gleichung möglich:

$$L_{Korr} = 10 \lg (10^{L_{gem}/10} - 10^{L_{stör}/10}) \quad [dB] \tag{A 4.3}$$

Beispiel 3

In einer Wohnung soll das Geräusch eines Aufzuges gemessen werden, um festzustellen, ob die Anforderung von zul. L_{max} = 30 dB(A) eingehalten wird. Es herrscht ein relativ hoher Grundgeräuschpegel von L_{95} = 28 dB(A) und der Messwert beträgt L_{max} = 32 dB(A). Der korrigierte Messwert ergibt sich dann zu L_{korr} = 10 lg ($10^{32/10} - 10^{28/10}$) = 29,8 also ≈ 30 dB(A), womit die Anforderung erfüllt wäre. Trotzdem: Dieses Beispiel zeigt, dass bei Schallpegelmessungen ein ausreichender Störabstand einzuhalten ist, mindestens 10 dB, besser 15 dB.

Anhang 5
Schallpegel typischer Innen- und Außengeräusche in Wohnungen

Tabelle A 5.1 Übliche Schallpegelbereiche von Innen- und Außengeräuschen, die innerhalb und außerhalb von Wohnungen entstehen. Es sind Beispiel- und Anhaltswerte, die keinen Anspruch auf Genauigkeit und Vollständigkeit erheben. Sie sind als Orientierungswerte aufzufassen und können erheblichen Schwankungen unterliegen

Schallquellen und Geräuscharten		Schalldruckpegel dB(A)
Innengeräusche bei geschlossenen Fenstern	Außengeräusche	
Beginn der Hörempfindung, furchterregende Stille		<10
Nachtgrundpegel in ruhig gelegenen Einzelhäusern	Pegel in unbesiedelten Gegenden bei Windstille und ohne erkennbare Fern- und Tiergeräusche	10–15
Nachtgrundpegel in Mehrfamilienhaus-Wohnungen mit hohem Schallschutz in ruhiger Wohnlage normale Wohngeräusche aus Nachbarwohnungen bei hohem Schallschutz (sofern nicht vom Grundpegel verdeckt)	leises Blätterrauschen	15–20
Tagesgrundpegel in Mehrfamilienhaus-Wohnungen mit hohem Schallschutz in ruhiger Wohnlage Gehgeräusche unter Decken mit sehr guter Trittschalldämmung	Nachtgrundpegel in einsamer Landhauswohnlage	20–25
Gehgeräusche unter Decken mit guter Trittschalldämmung gerade noch tolerierbare Geräusche haustechnischer Anlagen und Wohngeräusche von Nachbarn in Geschosswohnungsbauten mit mittlerem Schallschutz-Standard Nachtgrundpegel in Wohnungen mit erhöhter Außenlärmbelastung; vorbeifahrende PKW	Nachtgrundpegel in ruhigen Vororten bei größeren Entfernungen von Kern- und Industriegebieten und lauten Verkehrswegen	25–30
Gehgeräusche unter Decken mit Mindest-Trittschalldämmung nach DIN 4109:1989 nicht mehr tolerierbare Geräusche haustechnischer Anlagen in Neubauten Nachtgrundpegel in Wohnungen mit hoher Außenlärmbelastung und schlecht schalldämmenden Fenstern	Nachtgrundpegel in städtischen Wohnvierteln Tagesgrundpegel in ruhigen Wohnlagen	30–40

Schallschutz im Wohnungsbau: Gütekriterien, Möglichkeiten, Konstruktionen. W. Moll, A. Moll
© 2011 Ernst & Sohn GmbH & Co. KG. Published by Ernst & Sohn GmbH & Co. KG.

Tabelle A 5.1 (Fortsetzung) Übliche Schallpegelbereiche von Innen- und Außengeräuschen, die innerhalb und außerhalb von Wohnungen entstehen. Es sind Beispiel- und Anhaltswerte, die keinen Anspruch auf Genauigkeit und Vollständigkeit erheben. Sie sind als Orientierungswerte aufzufassen und können erheblichen Schwankungen unterliegen

Schallquellen und Geräuscharten		Schalldruckpegel dB(A)
Innengeräusche bei geschlossenen Fenstern	Außengeräusche	
Gehgeräusche unter Decken mit mangelhafter Trittschalldämmung Tagesgrundpegel in Wohnungen mit hoher Außenlärmbelastung und schlecht schalldämmenden Fenstern	Tagesmittelungspegel in städtischen Wohnvierteln mit wenig Verkehr Geläut von nicht unmittelbar benachbarten Kirchenglocken	40–50
übliche Unterhaltung weniger Personen	Mittelstarker Landregen in ruhiger Gegend Tagesgrundpegel in städtischen Wohnvierteln Nachtgrundpegel in großstädtischen Kerngebieten	50–60
Martinshörner, nahe Flugzeuge und Hubschrauber angeregte Unterhaltung mehrerer Personen	Tagesmittelungspegel in städtischen Wohnvierteln mit üblichem Verkehr Tagesgrundpegel in großstädtischen Kerngebieten	60–70
Sprechen, Radio und Fernsehen in angehobener Lautstärke (landläufig „Zimmerlautstärke")	Tagesmittelungspegel in Straßen mit hoher Verkehrsdichte	70–80
Hausmusik, laute Familienfeiern lebhafte Kindergruppe Heimwerken	Extrem hohe Lärmbelastung durch Verkehr Tagesmittelungspegel (z. B. in Berlin, BAB-100, Stadtring-Nord, Spiegelweg, mit 81 dB(A), in dieser Stärke jedoch selten vorkommend)	80–90
infernalischer Lärm, Beginn der Schmerzempfindung		100–120

Anhang 6
Schallleistung und Schallleistungspegel

Die Fähigkeit einer Schallquelle, Schallenergie zu erzeugen, wird durch die abgestrahlte Schallleistung W in Watt gekennzeichnet. Der Unterschied zwischen Schallleistung und Schalldruck bzw. den entsprechenden Pegelwerten wird durch folgendes Beispiel deutlich: Ein mit ca. 210 km/h fahrender ICE ist ca. 25 m neben dem Bahndamm mit einem Schallpegel von ca. 84 dB(A) zu hören. Gleich laut kann aber auch die Modelleisenbahn gehört werden, wenn sie aus einer geringen Entfernung von nur 25 cm betrachtet und gehört wird. Also ist nicht der Schalldruckpegel, sondern die Schallleistung bzw. der Schallleistungspegel die Ursache für die akustische Potenz einer Schallquelle.

Der Schallleistungspegel L_w ist wie folgt definiert:

$$L_w = 10 \lg (W/W_0) \quad [dB] \tag{A 6.1}$$

mit der Bezugsschallleistung $W_0 = 1\ pW = 10^{-12}\ Watt$

Der Bereich der Schallleistung von Sprache ist aus Bild A 6.1 zu ersehen.

Die Umrechnung dieser Schallleistungspegel L_w auf den Schalldruckpegel L_p in einem Raum mit der äquivalenten Schallabsorptionsfläche A kann nach folgender Gleichung geschehen:

$$L_p = L_w + 6 - 10 \lg A \tag{A 6.2}$$

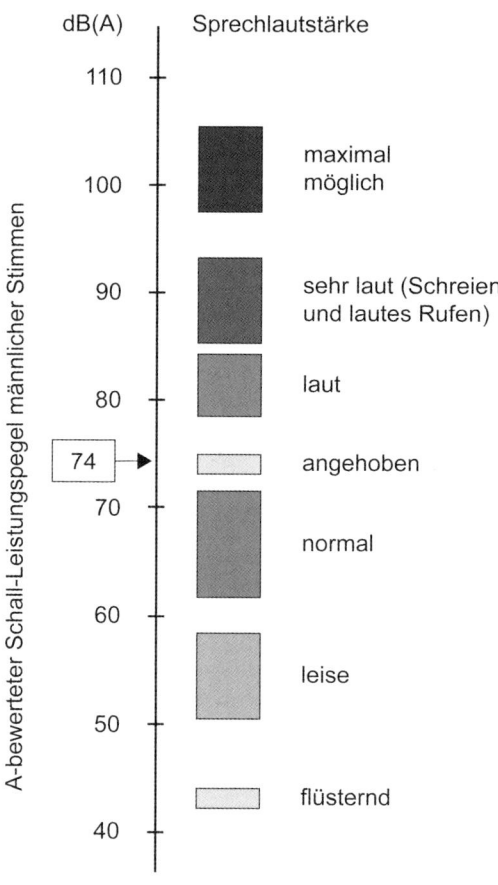

Bild A 6.1 Schallleistungspegel männlicher Stimmen; Auswertung von neun Veröffentlichungen verschiedener Autoren. Die Bereiche umfassen die Mittelwerte der Autorenangaben, nicht die Sprachpegelbereiche der Probanden [15]

Anhang 7
Reflexion, Absorption und Dämmung von Luftschall

Trifft eine Schallwelle auf eine Wand, so wird die einfallende Schallenergie W_1, wie Bild A 7.1 zeigt, aufgespalten in folgende Anteile:

- einen *reflektierten* Anteil $W_{refl.}$ (der schwächer ausfällt, wenn eine Schallschluckschicht auf der Wandoberfläche vorhanden ist) und der gekennzeichnet wird durch den

    Schallreflexionsgrad ρ $\quad\quad \rho = W_{refl.}/W_1$ $\quad\quad$ (A 7.1)

- und einen *absorbierten* Anteil W_{abs}, der beschrieben wird durch den

    Schallabsorptionsgrad α $\quad\quad \alpha = W_{abs}/W_1$ $\quad\quad$ (A 7.2)

    der wiederum aus zwei Anteilen besteht, nämlich dem

- *Schalltransmissionsgrad* τ $\quad\quad \tau = W_{trans}/W_1$ $\quad\quad$ (A 7.3)

    der die Grundlage für die *Schalldämmung von Bauteilen* (s. Anhang 9) ist und dem in Wärme umgewandelten und mit *Dissipation* bezeichneten Anteil W_{dis}.

Der Schallabsorptionsgrad α kann Werte von 0 (keine Absorption, z. B. glatte schwere Wand) bis 1,0 (totale Absorption z. B. offenes Fenster) annehmen. Beim Schallreflexionsgrad ist es umgekehrt (von 1,0 bis 0), sodass Folgendes gilt:

$$\rho + \alpha = 1 \quad\quad (A\ 7.4)$$

Der Schallabsorptionsgrad ist frequenzabhängig $\alpha = f(f)$ und kennzeichnet die Absorption einer Vielzahl von Schallschluckstoffen, -systemen und Gegenständen. Schallabsorptionsgrade werden vorwiegend für die raumakustische Planung von Räumen mit Anforderungen an die Raumakustik (Hörsamkeit, „gute Akustik") benötigt.

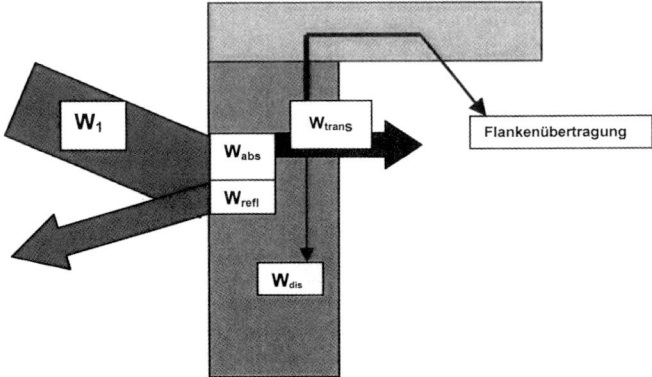

Bild A 7.1 Schallenergieaufspaltung an einer Wand

Anhang 8
Nachhallzeit, Absorptionsfläche, Schallpegeldifferenzen

Die Nachhallzeit T ist der zentrale Begriff in der *Raumakustik* und das wohl wichtigste Qualitätskriterium bei der Planung oder Beurteilung der akustischen Qualität von Konzert- und Theaterräumen, von Hörsälen, Konferenzräumen, Sporthallen etc. Die Nachhallzeit ist aber auch in der *Bauakustik* eine wichtige Größe, da sie die Höhe des von einer Schallquelle erzeugten Schallpegels beeinflusst (s. Bild A 8.1): Je halliger ein Raum ist, umso lauter ist die Schallquelle im Raum und auch der aus der Nachbarwohnung immittierte Schall. Die Nachhallzeit ist definiert als die Zeit, die eine Schallquelle mit dem Pegel L nach dem Abschalten benötigt, um auf den Wert $L - 60$ dB zu sinken.

T [s] hängt vom Raumvolumen V [m³] und der äquivalenten Schallabsorptionsfläche A [m²] wie folgt ab:

$$T = 0{,}163\ V/A \quad [\text{s}] \tag{A 8.1}$$

A entspricht der Fläche eines offenen Fensters (Schallabsorptionsgrad $\alpha = 1$), wenn alle übrigen Raumbegrenzungsflächen den Schall vollkommen reflektieren ($\alpha = 0$)

$$A = 0{,}163\ V/T \quad [\text{m}^2] \tag{A 8.2}$$

Die Angabe der einfachen Schalldruckpegeldifferenz D (kurz: Schallpegeldifferenz) kennzeichnet weder die Schalldämmung noch den Schallschutz zwischen zwei Räumen, weil sie nicht nur von der Schalldämmung, sondern ebenso auch von den akustischen Eigenschaften des Senderaumes und Empfangsraumes abhängt (s. Bild A 8.1). Daher wurden folgende normierte Pegeldifferenzen definiert:

Norm-Schallpegeldifferenz D_n [dB], bei der die Schallpegeldifferenz zwischen zwei Räumen auf die Absorption A_E und ein fiktives Absorptionsvermögen des Empfangsraumes, der Bezugs-Absorptionsfläche von $A_0 = 10$ m² bezogen wird, das z. B.

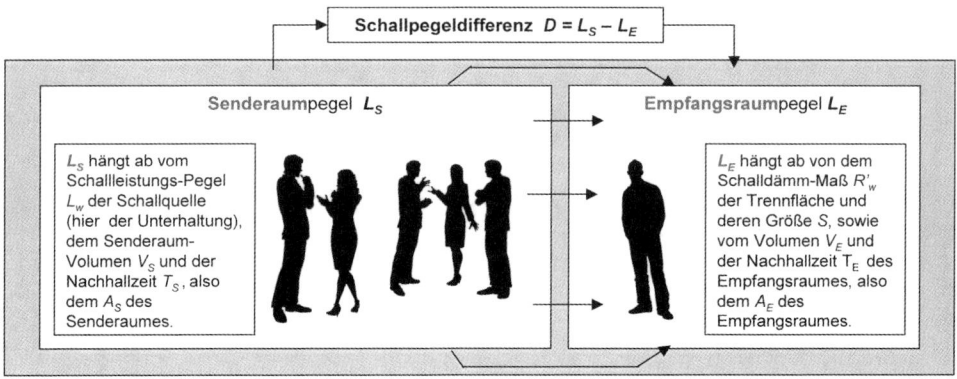

Bild A 8.1 Schallpegeldifferenz

einem ca. 30 m³ großen möblierten Wohnraum mit 0,5 s Nachhallzeit entspricht. D_n ist also nach der Gleichung

$$D_n = D + 10 \lg A_E/A_0 \quad [\text{dB}] \tag{A 8.3}$$

zu berechnen. Der Nachteil dieser Definition ist jedoch die weite Spanne der A_E-Werte möblierter Wohnräume. So ist z. B. in einem nur 20 m³ großen Kinderzimmer $A \approx 6$ m² und in einem 100 m³ großen Wohnzimmer $A \approx 27$ m². Der Unterschied ist beträchtlich, denn das Korrekturglied $10 \lg A_E/10$ beträgt für das Kinderzimmer ≈ -2 dB und für das Wohnzimmer $\approx +4$ dB, also 6 dB Differenz. Dies hat z. B. bei der Messung von Störgeräuschen haustechnischer Anlagen, deren gemessener Pegel nach DIN 4109:1989 auch mit $10 \lg (A_E/10)$ zu korrigieren ist, häufig zu nicht sachgerechten Beurteilungen und damit zu Auseinandersetzungen geführt. (s. Abschnitt 4.2.5). Aus diesem Grund ist die Standard-Schallpegeldifferenz

$$D_{nT} = D + 10 \lg T_E/T_0 \quad [\text{dB}] \tag{A 8.4}$$

mit $T_0 = 0,5$ s für Wohnräume zur Berücksichtigung der Absorption im Empfangsraum weitaus besser als D_n geeignet, weil erfahrungsgemäß in möblierten Wohnräumen die Nachhallzeit T_E nur geringfügig vom Bezugswert $T_0 = 0,5$ s abweicht. Daher begeht man keinen großen Fehler, wenn man in normal möblierten Räumen die Nachhallzeitkorrektur weglässt.

Anhang 9

Luftschalldämmung, Schalldämm-Maße, Bezugskurve

Die in Anhang 8 dargestellte Schalldruckpegeldifferenz D, kurz die *Schallpegeldifferenz D* zeigt schematisch die Übertragung eines Schalls vom „Senderaum" in den „Empfangsraum", ausgedrückt durch die Differenz der beiden Raumpegel, also $D = L_S - L_E$. Sowohl Senderaum- als auch Empfangsraumpegel hängen, wie in Anhang 8 dargestellt, von mehreren Einflussgrößen ab. Dabei wird bei gleichem Senderaumpegel der Empfangsraumpegel L_E umso niedriger, je besser die Wand dämmt und je höher die Absorption A im Empfangsraum ist, d. h. je größer das Volumen V und je kürzer die Nachhallzeit T im Empfangsraum sind. Umgekehrt steigt L_E mit der Fläche S der Trennwand, denn je größer S ist, umso mehr Schall kann übertragen werden. Will man also die materialspezifische Eigenschaft „Schalldämmung" der Wand beschreiben, muss man diese Einflüsse eliminieren, was durch die Definition des Schalldämm-Maßes R wie folgt berücksichtigt wird:

$$R = D + 10 \lg S/A \quad \text{[dB]} \quad (A\,9.1)$$

Das Schalldämm-Maß R beschreibt also eine *bauteilspezifische Eigenschaft,* die von der Frequenz abhängt und nach DIN EN ISO 140-4 [34] gemessen und nach DIN EN ISO 717-1 [35] bewertet wird.

Üblicherweise steigt R bei dicken, einschaligen und dichten Bauteilen (z. B. Mauerwerk- oder Betonwände) mit der Frequenz an. Bei mehrschaligen, mehrschichtigen, komplex zusammengesetzten und mit Schallbrücken oder Undichtigkeiten behafteten Bauteilen sind auch andere $R(f)$-Verläufe typisch. Daher wird die Schalldämmung eines Bauteils auch als Funktion der Frequenz angegeben und beurteilt. Dies geschieht normalerweise von 100 bis 3150 Hz jeweils im Abstand einer Terz (3 Terzen bilden eine Oktave), sodass zur Beschreibung der Schalldämmung eines Bauteiles die in 16 Terzen gemessenen R-Werte durch einen Kurvenzug, die sog. *Schalldämmkurve,* verbunden werden, wie Bild A 9.1 zeigt. Der Frequenzverlauf ist häufig sehr aufschlussreich, weil er auf typische Merkmale, Eigenschaften und Fehler der geprüften Konstruktion hinweist (Bauakustik-Diagnose).

Um auszuschließen, dass ein Frequenzbereich mit schlechter Dämmung („Löcher") durch dann nicht mehr ins Gewicht fallende höhere Dämmwerte in einem anderen Frequenzbereich kompensiert wird, wurde in DIN EN ISO 717-1 eine Einzahlbewertung genormt, bei der die gemessene Kurve mit einer Bezugskurve verglichen wird. Dabei wird die Bezugskurve soweit nach oben oder unten verschoben, bis die Summe der ungünstigen Abweichungen ≤ 32 dB ist. Dies ist in dem Beispiel des Bildes A 9.1 mit der um 6 dB nach oben verschobenen Bezugskurve der Fall. Das bewertete Schalldämm-Maß R_w ist jetzt derjenige Wert, bei dem die verschobene Bezugskurve die 500-Hz-Terz schneidet. Auf diese Weise wird die Luftschalldämmung einer Wand, Decke, Tür usf. durch einen Einzahlwert gekennzeichnet. Im Bildbeispiel liegt der Schnittpunkt bei 57 dB und da die Dämmung am Bau mit dem Einfluss von Flanken- und Nebenwegübertragungen gemessen wurde, wird das Ergebnis als bewertetes *Bau*-Schalldämm-Maß R'_w bezeichnet. Die Luftschalldämmung der Holzbalkendecke beträgt also $R'_w = 57$ dB. Dieser Wert gilt jedoch nur für die geprüfte Decke. Kleine Unterschiede im Deckenaufbau oder andere Nebenwege können auch ein anderes Ergebnis zur Folge haben.

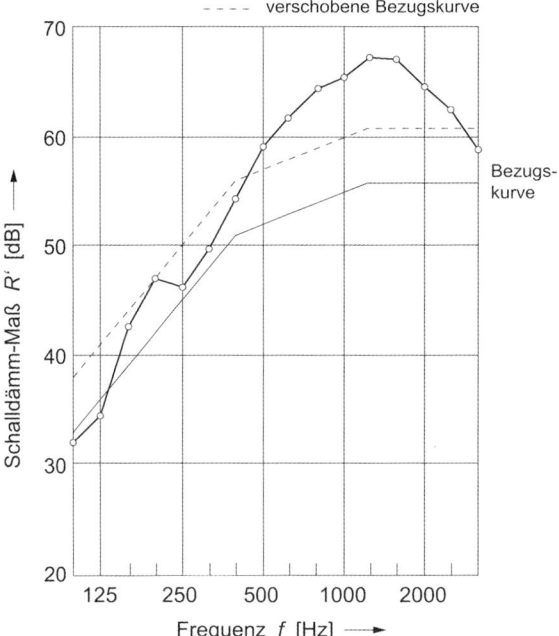

Bild A 9.1 Luftschalldämmung einer Holzbalkendecke $R'_w = 57$ dB

Würde man diese Decke in einem bauakustischen Prüfstand (ohne Nebenwege), also unter Idealbedingungen messen, wäre das Ergebnis noch besser und würde als Labor-Schalldämm-Maß R_P, (P von Prüfstand) und bewertet mit $R_{w,P}$ bezeichnet.

Bei der Planung des Schallschutzes und bei den dazu meist erforderlichen *rechnerischen Nachweisen* ist jedoch von einem Rechenwert $R_{w,R}$ auszugehen, der eine Sicherheit von 2 dB, das sog. *Vorhaltemaß*, enthält, sodass $R_{w,R} = R_{w,P} - 2$ dB (bei Türen – 5 dB) ist.

Die bei Baumessungen, also den *Güteprüfungen* oder *Diagnosemessungen*, gewonnenen Ergebnisse sind R'_w-Werte, genauso wie im Falle eines rechnerischen Nachweises, bei dem sich aus $R_{w,R}$ unter rechnerischer Berücksichtigung der Nebenwege ebenfalls das R'_w ergibt. Somit können die rechnerisch nachgewiesenen Dämmungen unmittelbar mit den gemessenen verglichen werden, ein Verfahren, das in der Bauakustik besonders wichtig ist, weil die Ergebnisse von Baumessungen auch eine Messlatte für die Ausführungsqualität sind.

Anhang 10

Koinzidenz, biegeweich – biegesteif

Wird eine Wand vom Schall zu Schwingungen angeregt, so bewegen sich die einzelnen Flächenelemente nicht wie die Fläche eines Kolbens, sondern ähnlich wie ein vom Wind bewegter Vorhang. Eine Wand oder Wandschale führt also *Biegeschwingungen* aus, deren Ausbreitungsgeschwindigkeit mit der Frequenz steigt, sodass die hohen Biegewellenfrequenzen den tiefen „davoneilen". Bei tiefen Frequenzen unter 100 Hz ist die Wellenlänge des Luftschalls λ_L (s. Anhang 1) i. Allg. größer als die *Biegewellenlänge* λ_B in Wänden. λ_L nimmt mit wachsender Frequenz nach der Beziehung $\lambda_L = c_L/f$ rasch ab, weil die Schallausbreitungsgeschwindigkeit der Luftschallwelle mit c_L = 340 m/s konstant bleibt. Die mit steigender Frequenz wachsende Fortpflanzungsgeschwindigkeit c_B der Biegewellen lässt aber $\lambda_B = c_B/f$ um ein geringeres Maß kleiner werden als λ_L. Daher gibt es eine bestimmte und vorwiegend von der Wanddicke abhängige Frequenz f_c (die sog. *Koinzidenzfrequenz* oder auch *Spuranpassungs(grenz)frequenz*, kurz *Grenzfrequenz* genannt) bei der im Falle eines streifenden wandparallelen Schalleinfalles $\lambda_B = \lambda_L$ wird bzw. bei schrägem Schalleinfall die Spur der schräg auf die Wand treffenden Luftschallwelle – auch Spurwellenlänge λ_s genannt – gleich lang wie λ_B ist, wie Bild A 10.1 zeigt. In diesem Falle läuft gleichsam die Luftschallwelle neben der Biegewelle einher, sodass ihre Schalldruckmaxima die Biegewelle immer an der gleichen Stelle treffen und somit eine hohe Schwingungsamplitude, also eine deutlich verminderte Dämmung in der so angeregten Wand verursachen. Dieser Effekt wird nach *Cremer* [40] Spuranpassungseffekt genannt.

Das Bild A 10.2 zeigt, welche verschieden dicken Materialien biegeweich und welche biegesteif sind. Die Koinzidenzfrequenz errechnet sich nach *Cremer* mit der Gleichung

$$f_c = \frac{c^2}{6,28}\sqrt{\frac{m'}{B'}} \quad [\text{Hz}] \tag{A 10.1}$$

mit

- c Schallgeschwindigkeit (340 m/s)
- m' flächenbezogene Masse in kg/m^2
- B' Biegesteifigkeit in MNm^2

Die Koinzidenzfrequenz f_c hängt also von drei Größen ab, nämlich der Rohdichte, der Platten- bzw. Wanddicke (beides bestimmt die flächenbezogene Masse m') und der Biegesteifigkeit.

Grundsätzlich wird in der Bauakustik angestrebt, Wände und Platten mit einer Grenzfrequenz zwischen 200 und 2000 Hz zu vermeiden. Dies gilt nicht nur für den „direkten Schalldurchgang", sondern ebenso auch für die Schallübertragung entlang flankierender Bauteile.

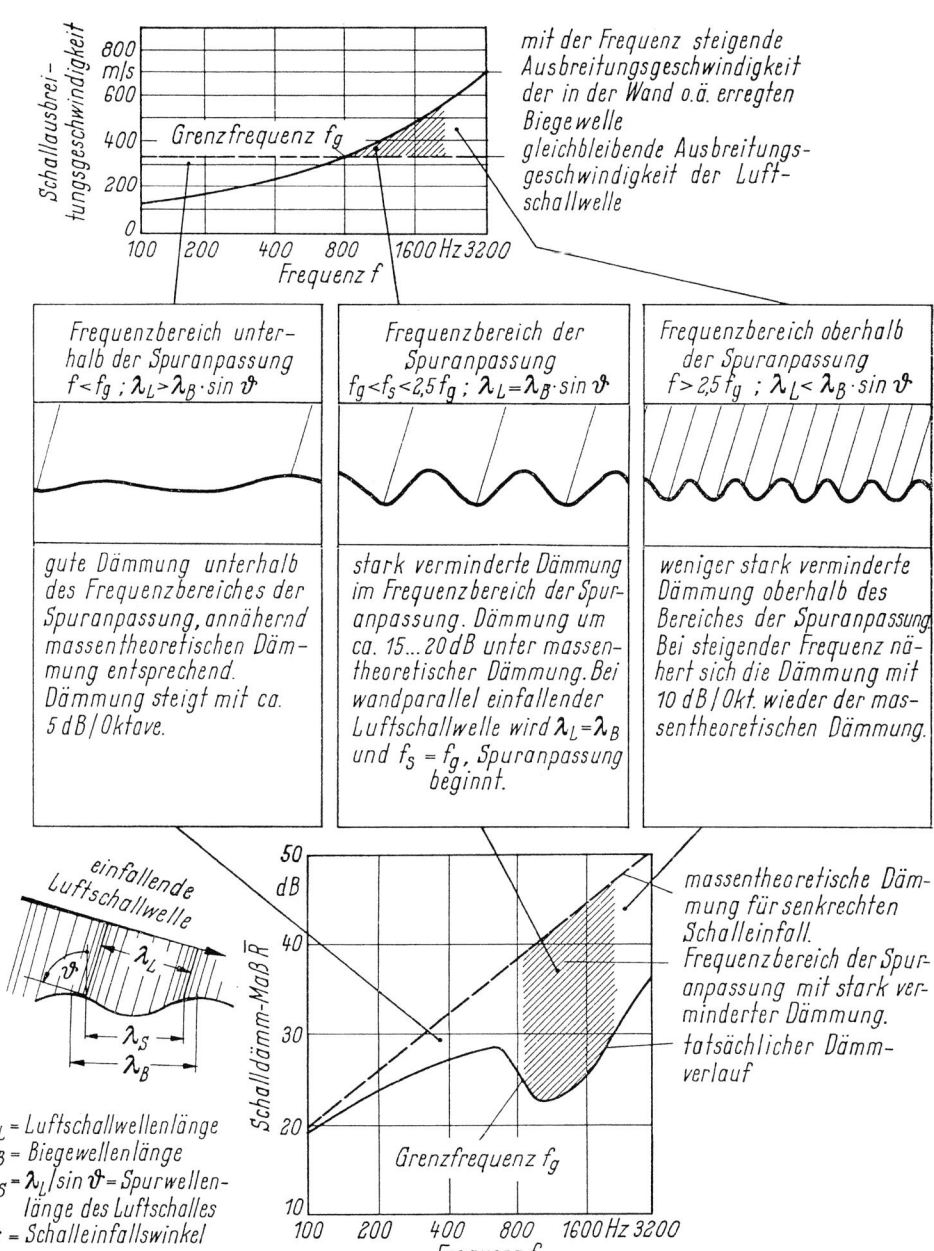

Bild A 10.1 Erklärung des Spuranpassungseffektes [40]

Anhang 10

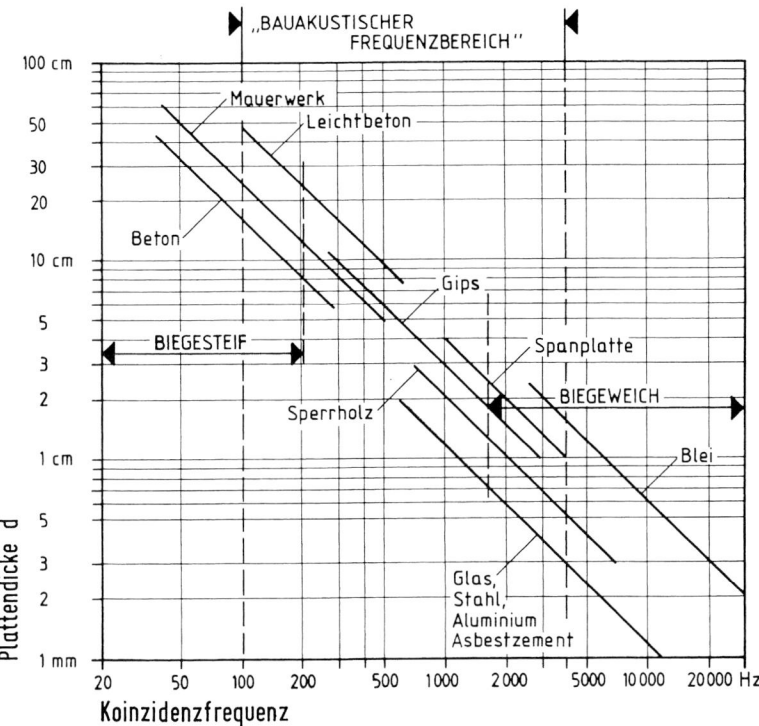

Bild A 10.2 Koinzidenzfrequenzen üblicher Baustoffe

Anhang 11
Resonanz

Akustik und besonders die Bauakustik wäre ohne ihre Resonanzphänomene nicht denkbar. Im Gegensatz zur Raumakustik und zur Physik von Musikinstrumenten spielt die Resonanz in der Bauakustik und im Bauwesen eher eine ungünstige, teils sogar eine bauteilzerstörende Rolle. Man denke nur an die Brückeneinstürze, wenn der Gleichschritt einer Marschkolonne die Eigenfrequenz einer Brücke anregt. In der Bauakustik können Resonanzen immer dann auftreten, wenn zwei Massen über ein federndes Element miteinander verbunden sind. Das dargestellte Experiment in Bild A 11.1 mag die Resonanz erläutern.

Die Resonanzfrequenz f_r lässt sich mit hinreichender Genauigkeit nach folgender Gleichung berechnen:

$$f_r = 160 \sqrt{s'\left(\frac{1}{m'_1} + \frac{1}{m'_2}\right)} \quad [\text{Hz}] \tag{A 11.1}$$

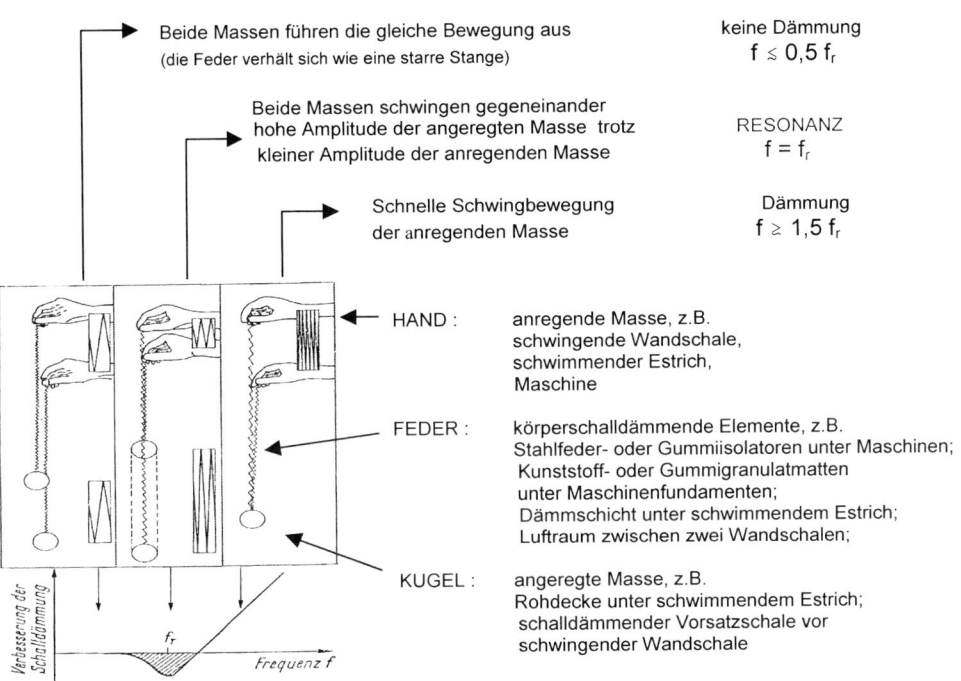

Bild A 11.1 Resonanz eines Masse-Feder-Masse-Systems

mit

m'_1 und m'_2 flächenbezogene Masse der Wandschalen 1 und 2 in kg/m²

s' dynamische Steifigkeit (das „Federungsvermögen") der „Feder" (Schicht zwischen beiden Schalen) in MN/m³

Die Berechnung von Resonanzen in der Bauakustik ist für die in Bild A 11.2 dargestellten typischen Konstruktionen wichtig, wobei d [m] der Schalenabstand ist:

Zwei biegeweiche Schalen, z.B. Gipskartonplatten mit bedämpftem Hohlraum	Zwei biegeweiche Schalen, z.B. Blechplatten mit beidseitig verbundenem Dämmstoff	Massivwand oder –decke mit biegeweicher Vorsatzschale oder Unterdecke und Hohlraumbdämpfung	Massivdecke mit schwimmendem Estrich auf Dämmschicht
$f_r \approx \dfrac{85}{\sqrt{m' \cdot d}}$ Hz	$f_r \approx 225 \sqrt{\dfrac{s'}{m'}}$ Hz	$f_r \approx \dfrac{60}{\sqrt{m' \cdot d}}$ Hz	$f_r \approx 160 \sqrt{\dfrac{s'}{m'}}$ Hz

Bild A 11.2 Berechnung der Resonanzfrequenz typischer zweischaliger Konstruktionen

Anhang 12
Trittschalldämmung, Norm-Trittschallpegel, Standard-Trittschallpegel, bewertete Trittschallpegel Bezugskurve, Trittschallminderung

Unter *Trittschalldämmung* versteht man die Eigenschaft einer Decke oder eines Fußbodens, den beim Begehen entstehenden Körperschall (s. Abschnitt 6.1, S. 67) nicht oder nur deutlich abgeschwächt in umliegende Raume zu übertragen.

Man misst die Trittschalldämmung einer Decke, indem ein genormtes *Hammerwerk* (s. Bild A 12.1) die Deckenoberfläche behämmert und der so erzeugte Pegel des Hammerwerkgeräusches in dem zu schützenden Raum frequenzabhängig (in Terzggf. auch in Oktavabständen) gemessen wird. Dies sind die Trittschallpegel L_i je Terz oder Oktave, die bei gleicher Decke umso höher sind, je schlechter deren Trittschalldämmung ist, aber auch, je halliger der Empfangsraum ist. Vergleichbar sind also unterschiedlich trittschalldämmende Decken erst, wenn die Trittschallpegel bei gleicher Absorption A (s. Anhang 8) im Empfangsraum gemessen oder, da dies meistens nicht der Fall ist, mit $10 \lg (A)$ korrigiert werden. Berücksichtigt man die in normal möblierten kleinen Räumen übliche Absorption von $A \approx 10 \text{ m}^2$, so reduziert man die Trittschalldämmung auf diesen Normalfall (kleine Räume mit $V_E \approx 30 \text{ m}^3$), sodass sich mit $A_0 = 10 \text{ m}^2$ der Norm-Trittschallpegel L_n ergibt, der wie folgt definiert ist:

$$L_n = L_i + 10 \lg (A/A_0) \quad [\text{dB}] \qquad (A\ 12.1)$$

L_n sind die im Prüfstand ohne den Einfluss flankierender Bauteile und L'_n die am Bau mit deren Einfluss gemessenen Trittschallpegel.

Bild A 12.1 Norm-Trittschallhammerwerk nach DIN EN ISO 140-7, Anhang A. Das Bild zeigt das vom Verfasser konstruierte und oft kopierte Gerät, das seit über 50 Jahren bisher für mehr als ca. 40.000 Trittschalldämm-Messungen eingesetzt wurde

A kann sehr unterschiedliche Werte annehmen und hängt in möblierten Räumen nur wenig von der Nachhallzeit aber weitgehend vom Volumen V_E des Empfangsraumes ab. Daher werden die Anforderungen künftig auch durch den auf $T_0 = 0{,}5$ s nachhallzeitbezogenen Standard-Trittschallpegel L_{nT} beschrieben, der wie folgt definiert ist:

$$L_{nT} = L_i + 10 \lg (T/T_0) \quad [\text{dB}] \qquad (A\ 12.2)$$

L_n bzw. L'_n beschreiben damit eine *bauteilspezifische Eigenschaft*, also die von der Frequenz abhängige Trittschalldämmung, die nach DIN EN ISO 140-6 und -7 [31, 32] gemessen wird. Bei den i. Allg. mehrschalig aufgebauten Decken sind $L'_n(f)$-Verläufe typisch, bei denen L'_n mit steigender Frequenz kleiner wird. Daher wird, ähnlich wie beim Luftschall, auch die Trittschalldämmung eines Bauteils als Funktion der Frequenz angegeben und beurteilt. Dies geschieht normalerweise von 100 bis 3150 Hz jeweils im Abstand einer Terz (3 Terzen bilden eine Oktave), sodass zur Beschreibung der Trittschalldämmung eines Bauteiles die in 16 Terzen gemessenen L'_n-Werte durch einen Kurvenzug, die *Trittschalldämmkurve*, verbunden werden, wie das Bild A 12.2 zeigt. Der Frequenzverlauf ist häufig sehr aufschlussreich, weil er auf typische Merkmale, Eigenschaften und Ausführungsfehler der geprüften Konstruktion, z. B. auf Schallbrücken hinweist (Bauakustik-Diagnose). In diesem Beispiel hat der Parkettbelag auf dem schwimmenden Estrich die Wände berührt, daher der „Buckel" bei 2000 Hz. Um auszuschließen, dass ein Frequenzbereich mit schlechten, also hohen, L'_n-Werten durch dann nicht mehr ins Gewicht fallende niedrige Trittschallpegel in einem anderen Frequenzbereich kompensiert wird, wurde in DIN EN ISO 717-2 [33] eine Einzahlbewertung genormt, bei der die gemessene Kurve mit einer Bezugskurve verglichen wird. Dabei wird die Bezugskurve soweit nach oben oder unten verschoben, bis die Summe der ungünstigen Abweichungen ≤ 32 dB ist. Dies ist in dem Beispiel des Bildes A 12.2 mit der um 11 dB nach unten verschobenen Bezugskurve der Fall.

Der bewertete Norm-Trittschallpegel $L'_{n,w}$ ist jetzt derjenige Wert, bei dem die verschobene Bezugskurve die 500-Hz-Terz schneidet. Auf diese Weise wird die Trittschalldämmung einer Decke, Treppe o. Ä. durch einen Einzahlwert gekennzeichnet, in diesem Beispiel also bei 49 dB, sodass also $L'_{n,w} = 49$ dB ist. L_{nT} nach Gl. A 12.2 ist ebenfalls eine frequenzabhängige Größe, also eine Kurve, und kann genauso wie L_n mit der Bezugskurve bewertet (verglichen) werden. Das Einzahlergebnis ist dann der bewertete Standard-Trittschallpegel $L'_{nT,w}$, der den Trittschall*schutz* zwischen Sende- und Empfangsraum beschreibt und aus dem bei der Bauakustikplanung die erforderliche Trittschall*dämmung*, also erf. $L'_{n,w}$ berechnet wird, wobei gilt:

$$\text{zul. } L'_{n,w} = \text{zul. } L'_{nT,w} + 10 \lg V - 15 \quad [\text{dB}] \qquad (A\ 12.3)$$

Wird eine Decke in einem bauakustischen Prüfstand (ohne Nebenwege), also unter Idealbedingungen gemessen, wird das Ergebnis mit P im Index bezeichnet. Bei der Planung des Schallschutzes und bei den dazu meist erforderlichen rechnerischen Nachweisen ist jedoch der Rechenwert anzusetzen, der eine Sicherheit von 2 dB, das sog. Vorhaltemaß, enthält, sodass $L_{n,w,R} = L_{n,w,P} + 2$ dB ist. Die bei Baumessungen, also den Güteprüfungen oder Diagnosemessungen, gewonnen Ergebnisse sind $L'_{n,w}$-Werte, genauso wie im Falle eines rechnerischen Nachweises, bei dem sich aus $L_{n,w,R}$ unter rechnerischer Berücksichtigung der Flankenwege ebenfalls das $L'_{n,w}$ er-

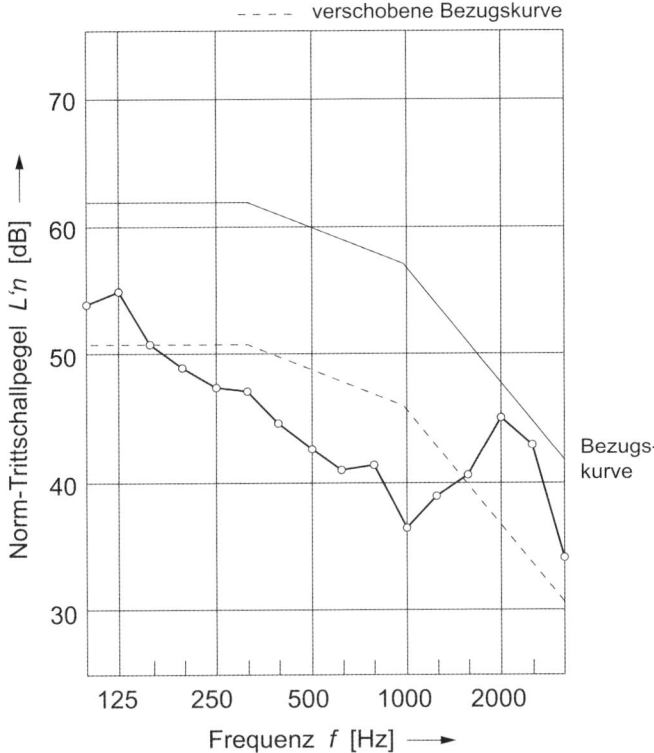

Bild A 12.2 Trittschalldämmung einer Massivdecke $L'_{n,w}$ = 49 (−4) dB

gibt. Somit können die rechnerisch nachgewiesenen Dämmungen unmittelbar mit den gemessenen verglichen werden, ein Verfahren, das in der Bauakustik besonders wichtig ist, weil die Ergebnisse von Baumessungen auch eine Messlatte für die Ausführungsqualität sind.

Trittschalldämmende Deckenauflagen, also schwimmende Estriche, Teppiche, Holzfußböden auf Lagerhölzern oder federnde Unterlagen, verbessern die Trittschalldämmung von Decken. Ihre Wirksamkeit wird im Prüfstand auf einer genormten Rohdecke gemessen und durch die frequenzabhängige bewertete Trittschallminderung ΔL_w (früher als Verbesserungsmaß VM bezeichnet), die nach einem in DIN EN ISO 717-2 beschriebenen Verfahren bestimmt wird, ausgedrückt. Die Trittschalldämmung der „Fertigdecke" kann dann für Massivdecken (nicht für Holzbalken- oder Holzwerkstoffdecken) aus $L'_{n,w}$ der Rohdecke und ΔL_w der Deckenauflage annähernd wie folgt abgeschätzt werden:

$$L'_{n,w \text{ (Fertigdecke)}} \approx L'_{n,w \text{ (Rohdecke)}} - \Delta L_w \quad [\text{dB}] \quad (A\ 12.4)$$

Die genaue Berechnung muss frequenzabhängig gemäß DIN EN ISO 717-2 erfolgen, allerdings reicht bei Massivdecken für eine hinreichend genaue Abschätzung die Gleichung A 12.4. ΔL_w-Werte enthält Tabelle 5.4.

Anhang 13

Spektrum-Anpassungswerte für Luft- und Trittschall

Spektrum-Anpassungswerte sind in DIN EN ISO 717-1 und DIN EN ISO 717-2 definierte Korrekturen, die additiv den Schalldämm- und Schallschutzwerten hinzugefügt werden, um bei der Luftschallübertragung üblicher Wohn- und Außengeräusche und der Trittschallübertragung bei üblicher Körperschallanregung von Decken oder Treppen durch Gehen, Stuhlrücken etc. aus dem Einzahlwert der Dämmung (R'_w oder $L'_{n,w}$) auf den A-Schallpegel im Empfangsraum schließen zu können, also beim Luftschall dem Schema

Luft- oder Trittschallanregung im Senderaum → Art und Dämmung des Trennbauteils (R_w, C, C_{tr} und $L'_{nT,w}$ + C) → Geräuschpegel im Empfangsraum

zu entsprechen. Somit gilt für die

Luftschalldämmung

Senderaumpegel oder Außenlärmpegel in dB(A) – (Dämmwert R_w + Spektrum-Anpassungswert) ≈ Empfangsraumpegel in dB(A)

Für die Luftschalldämmung werden zwei Spektrum-Anpassungswerte definiert, und zwar:

C für übliche Wohnaktivitäten (Sprache, Musik, Radio, TV, Kinderspielen u. Ä.) und für schnellen Schienen- und Autobahnverkehr, also für *mittelfrequent betonte Geräuschspektren*;

C_{tr} (tr: traffic) für innerstädtischen (langsamen) Straßen- und Schienenverkehr, Luftverkehr von nahen Propeller- Flugzeugen, entfernten Düsenflugzeugen, Discomusik u. Ä., also für *tieffrequent betonte Geräuschspektren*

So wird seit einiger Zeit die Luftschalldämmung einer Konstruktion bei Labor- oder Gütemessungen am Bau wie folgt gekennzeichnet: $R_{w,p}$ (C, C_{tr}) bzw. R'_w (C, C_{tr}). und im Falle eines konkreten Beispiels (s. Bild A 13.1): R'_w = 54 (–1, –5) dB.

Der Sinn der Spektrum-Anpassungswerte besteht darin, beim Abschätzen des Innenpegels (s. oben stehende schematische Beziehung) die Dämmkurven besser an das Spektrum des zu dämmenden Schalls anpassen und den Einfluss von Dämmkurven $R(f)$ mit starken Einbrüchen im Dämmverlauf besser berücksichtigen zu können.

Den Umgang mit den beiden Spektrum-Anpassungswerten mag folgendes Beispiel erläutern, wobei auf die Definition des Schalldämm-Maßes gemäß Gleichung A 9.1 in Anhang 9 verwiesen und bei den folgenden Beispielen der Einfachheit halber S/A = 1, also 10 lg (S/A) = 0 gesetzt wird:

Beispiel 1

Massivwand nach Bild A 13.1 als Wohnungstrennwand:

Senderaumpegel 75 dB(A), Dämmung 54 – 1 = 53 dB,
Empfangsraumpegel ≈ 75 – 53 = 22 dB(A)

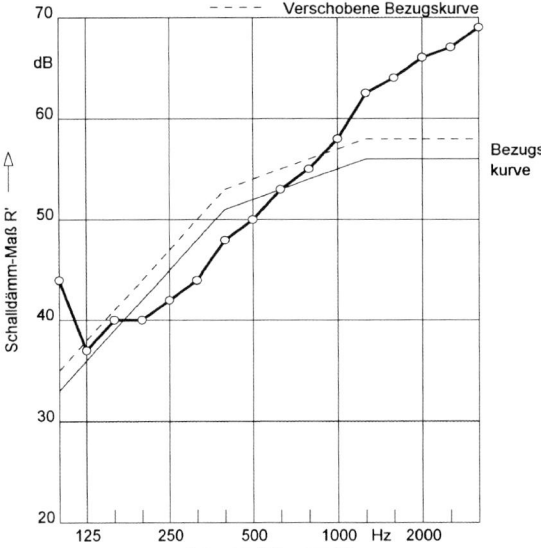

Bild A 13.1 Massivwand
$R'_w = 54\,(-1, -5)$ dB

Beispiel 2

Massivwand nach Bild A 13.1 als Außenwand:

Außenpegel 78 dB(A), Dämmung $54 - 5 = 49$ dB,
Empfangsraumpegel $\approx 78 - 49 = 29$ dB(A)

Besonders wichtig sind die C_{tr}-Werte bei der Dämmung des tieffrequenten Außenlärms durch Fenster mit Isolierverglasung und durch Außenwände mit Wärmedämmverbundsystemen, weil bei diesen „resonanzanfälligen" Bauteilen besonders niedrige C_{tr}-Werte auftreten können. Der *ungefähre* Innenpegel ergibt sich also aus:

$$L_{innen} \approx L_{außen} - (R_{nT,w} + C_{tr}) + 10\lg(S/A_E) \quad [\text{dB(A)}] \qquad (A\ 13.1)$$

Trittschalldämmung

Bei der Trittschalldämmung ist das Verfahren ähnlich wie beim Luftschall. Auch hier wird durch die Einführung von Spektrum-Anpassungswerten eine bessere Übereinstimmung der Messwerte des Norm-Trittschallpegels L'_n (s. Anhang 12) an die subjektive Wahrnehmung wohnüblicher Trittschallgeräusche angestrebt. So ist allgemein bekannt, dass Gehgeräusche unter Holzbalkendecken dumpfer klingen als unter Massivdecken und dass Letztere ohne trittschalldämmende Deckenauflage „hellhörig" sind. Eigentliche Ursache hierfür ist die genormte Körperschallanregung von Decken durch das Norm-Hammerwerk (s. Anhang 12), die zwar ausreichend energiereich ist, um auch noch Objekte mit hoher Trittschalldämmung messen zu können, das Hammerwerkspektrum aber von denjenigen Spektren stark abweicht, die bei üblicher Anregung einer Decke durch Begehen, Stuhlrücken, Kinderspielen u. Ä. unter der angeregten Decke zu hören sind. Daher wird auch für die Trittschalldämmung in DIN EN ISO 717-2 ein Spektrum-Anpassungswert definiert und zwar C_I (der Index I steht für impact sound, also Trittschall), der den bewerteten Norm-Trittschallpegel $L'_{n,w}$ von Decken je nach dem Frequenzverlauf des $L'_n(f)$ additiv so korrigiert, dass die Stärke des durch die Decke zu hörenden maximalen Gehgeräuschpegels $L_{A,geh,max}$ besser dem $L'_{n,w}$ entspricht als ohne C_I. Der Spektrum-Anpassungswert wird, ähnlich wie beim Luftschall, wie folgt gekennzeichnet:

$L'_{n,w}$ (C_I) und im konkreten Fall (s. Bild A 13.2)

Kurve A: $L'_{n,w} = 74(-11)$ dB

Kurve B: $L'_{n,w} = 64(1)$ dB

Kurve C: $L'_{n,w} = 38(-5)$ dB

Zwischen dem maximalen Gehgeräuschpegel $L_{geh,A,max}$ in dB(A) und dem Norm-Trittschallpegel ($L'_n + C_I$) in dB besteht folgender ungefährer Zusammenhang:

$$L_{geh,A,max} \approx 0{,}68\,[(L'_{nT,w} + C_I) - 2] \quad \text{dB(A)} \tag{A 13.2}$$

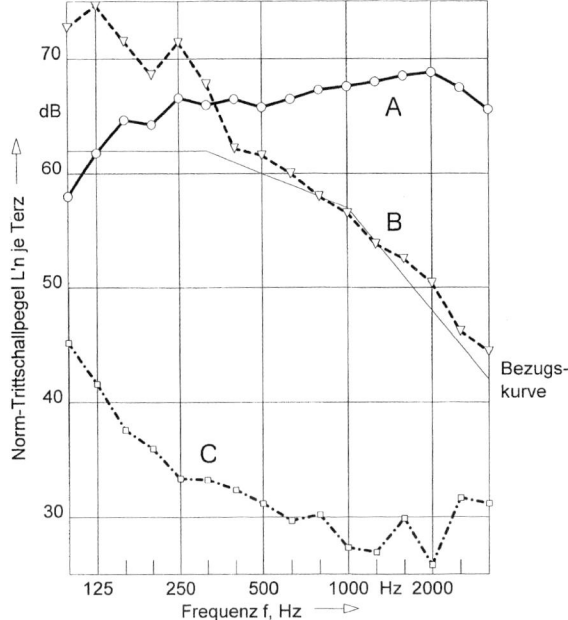

Bild A 13.2 Norm-Trittschallpegel L'_n mit Spektrum-Anpassungswerten dreier Decken
A Stahlbeton-Rohdecke ohne Dämmauflage
   $L'_{n,w}$ (CI) = 74(−11) dB
B Holzbalkendecke
   $L'_{n,w}$ (CI) = 64(1) dB
C Schwere Stahlbetondecke mit schwimmendem Estrich und kleiner Randschallbrücke
   $L'_{n,w}$ (CI) = 38(−5) dB

Danach ergeben sich unter den Decken der drei Beispiele des Bildes A 13.2 beim Gehen mit normalem Schuhwerk folgende ungefähre Gehgeräuschpegel: A: 41 dB(A), B: 43 dB(A) und C: 21 dB(A).

Abweichungen zu höheren Gehgeräuschpegeln treten bei leichten Massiv- oder Holzdecken sowie beim Gehen „gewichtiger" Personen und Abweichungen zu geringeren Pegeln bei schweren Massivdecken und weniger intensivem Gehen auf.

Die Norm DIN ISO 717-2 definiert noch einen weiteren Spektrum-Anpassungswert $C_{I\Delta}$ für die Trittschallminderung von Deckenauflagen, worauf hier lediglich verwiesen werden soll.

Anhang 14

Schema zur Bestimmung des erforderlichen Luftschallschutzes erf. $D_{nT,w}$ und der erforderlichen Luftschalldämmung erf. R'_w zwischen zwei Räumen

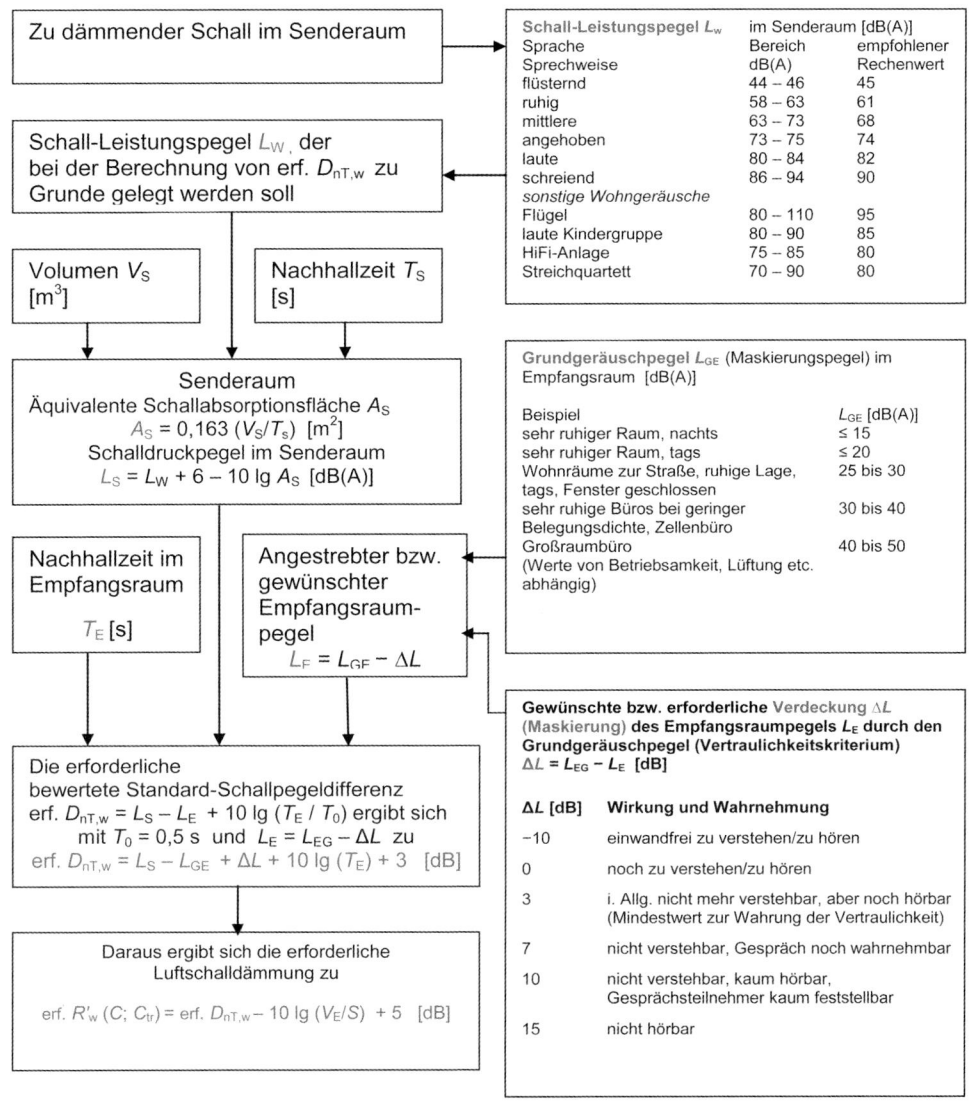

Anhang 15
Resultierende Schalldämmung zusammengesetzter Flächen

Setzt sich eine Fläche aus mehreren unterschiedlich schalldämmenden Teilflächen S_1, $S_2 \ldots S_n$ (z. B. Wand mit Tür und Oberlicht) zur Gesamtfläche $S_{ges} = S_1 + S_2 + \ldots + S_n$ zusammen, so ergibt sich das *resultierende Schalldämm-Maß* R_{res} zu

$$R_{res} = -10 \lg [1/S_{ges}(S_1 \cdot 10^{-R_1/10} + S_2 \cdot 10^{-R_2/10} + \ldots + S_n \cdot 10^{-R_n/10})] \quad [dB]$$
(A 15.1)

Sieht man von Konstruktionen ab, die einen ungewöhnlichen $R(f)$-Verlauf aufweisen, so lässt sich die Gleichung A 15.1 mit hinreichender Genauigkeit auch auf Einzahlwerte, also auf die bewerteten Schalldämm-Maße R'_w anwenden, sodass sich ergibt:

$$R_{w,res} = -10 \lg [1/S_{ges}(S_1 \cdot 10^{-R_{w,1}/10} + S_2 \cdot 10^{-R_{w,2}/10} + \ldots + S_n \cdot 10^{-R_{w,n}/10})] \quad [dB]$$
(A 15.2)

Beispiel

Wie hoch ist $R_{w,res}$ einer 15 m² großen Außenwand nach Bild A 15.1, die aus folgenden Teilflächen besteht:

$S_1 = 12{,}4$ m² Außenwand   mit $R_w = 54$ dB
$S_2 = 2{,}0$ m² Fenster   mit $R_w = 32$ dB
$S_3 = 0{,}6$ m² Rollladenkasten mit $R_w = 28$ dB
$S_{ges} = 15{,}0$ m² Gesamtfläche

$R_{w,res} = 38$ dB

Sind die Anforderung $R_{w,res}$ sowie Flächen und Schalldämm-Maße aller Teilflächen bis auf ein noch zu bestimmendes Schalldämm-Maß $R_{w,x}$ der Fläche S_x bekannt, so kann $R_{w,x}$ wie folgt berechnet werden:

$$R_{w,x} = -10 \lg [1/S_x(S_{ges} \cdot 10^{-R_{res}/10} - S_1 \cdot 10^{-R_{w,1}/10} - \ldots - S_n \cdot 10^{-R_{w,n}/10})] \quad [dB]$$
(A 15.3)

berechnet werden.

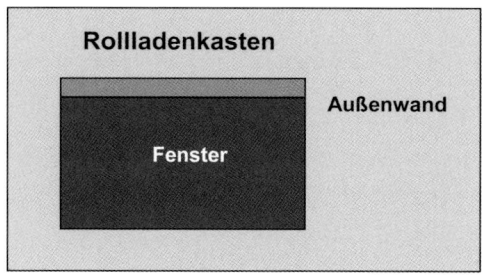

Bild A 15.1 Begriff der resultierenden Schalldämmung

Nimmt man bei obigem Beispiel $R_{w,res}$ = **38 dB** als Anforderung an und will die Dämmung des 0,6 m² großen Rollladenkastens berechnen, so ergibt sich nach Gleichung A 15.3 der für den Rollladenkasten gesuchte Wert von R_w = **28 dB**.

Literaturverzeichnis

[1] DIN 4109:1989-11: Schallschutz im Hochbau; Anforderungen und Nachweise.

[2] Bauphysik-Kalender 2009. Verlag Ernst & Sohn, Berlin.

[3] Fasold, W.; Veres, E.: Schallschutz und Raumakustik in der Praxis. Verlag für Bauwesen, Berlin, 2003.

[4] Sälzer, E.: Schallschutz im Massivbau. Bauverlag, Wiesbaden, 1998.

[5] Gösele, K.; Schüle, W.: Schall, Wärme, Feuchte. 9. Auflage, Bauverlag, Wiesbaden, 1989.

[6] Müller, G.; Möser M. (Hrsg.): Taschenbuch der Technischen Akustik. 3. Auflage, Springer Verlag, Berlin, 2004.

[7] Fischer, H.-M.: Neufassung der DIN 4109 auf der Basis europäischer Regelwerke des baulichen Schallschutzes. Bauphysik-Kalender 2009, Beitrag C 1, Verlag Ernst & Sohn, Berlin.

[8] VDI 4100:2007-08: Schallschutz von Wohnungen; Kriterien für Planung und Beurteilung.

[9] TA Lärm 1998, Technische Anleitung zum Schutz gegen Lärm mit Erläuterungen. Erich Schmidt Verlag, Berlin, 2. Auflage 2009.

[10] Verbesserung des Schallschutzes von Wohngebäuden im Bestand. Hrsg. Kompetenzzentrum „Kostengünstig qualitätsbewusst Bauen" im BBR.

[11] Ahnert, R.; Krause, K. H.: Typische Baukonstruktionen von 1860 bis 1960, Band 1. 3. Auflage, Verlag für Bauwesen, Berlin, 1991.

[12a] Moll, W.: Analytische Herleitung von Anforderungen an den Luftschallschutz zwischen Räumen. Bauphysik 4/2009.

[12b] Moll, W.: Analytisch hergeleitete Anforderungen an den Luftschallschutz zwischen Wohnräumen nach Entwurf VDI 4100. Bauphysik 2/2010.

[13] Lang, J.: Normanforderungen – Schallschutz von Bauteilen oder Schallschutz zwischen Räumen? Fortschritte der Akustik – DAGA 85, Stuttgart. DPG-gmbH; Bad Honnef 1985, S. 17–28.

[14] Kürer, R.: Schallschutz im Wohnungsbau – sinnvolle Anforderungen. Zeitschrift für Lärmbekämpfung 31 (1984), S. 122–127.

[15] Kötz, W.-D.; Moll, W.: Wie hoch sollte die Luftschalldämmung zwischen Wohnungen sein? Bauphysik 10/1988.

[16] Burkhart, C.: Schallschutz im Wohnungsbau – DEGA-Schallschutzausweis. Bauphysik-Kalender 2009, Verlag Ernst & Sohn, Berlin.

Schallschutz im Wohnungsbau: Gütekriterien, Möglichkeiten, Konstruktionen. W. Moll, A. Moll
© 2011 Ernst & Sohn GmbH & Co. KG. Published by Ernst & Sohn GmbH & Co. KG.

[17] Locher-Weiß, S.: Diverse juristische Beiträge zum Schallschutz im Wohnungsbau und fachliche Korrespondenzen.

[18] Ertel, H.; Moll, W.: R'_w oder $D_{nT,w}$? Überlegungen zur Kennzeichnung des Schallschutzes und Konsequenzen für eine Neufassung von DIN 4109. Bauphysik 2/2007.

[19] E DIN EN 12354-5:2007-06: Bauakustik – Berechnung der akustischen Eigenschaften von Gebäuden aus den Bauteileigenschaften; Teil 5: Installationsgeräusche; Deutsche Fassung prEN 12354-5:2007.

[20] Ruff, A.; Fischer, H.-M.: Direkt- und Flankendämmung von Wänden aus Gips-Wandbauplatten. Bauphysik 6/2009.

[21] Rümler, W.: Neue Entwicklungen für eine bessere Schalldämmung von Trennwänden, TrockenBauAkustik, Tagungsband 6. Akustik-Forum am 17.6.2010 in Darmstadt.

[22] Wolf, O.; Keck, J.: Damit das Örtchen wirklich still ist. B+B Spezial Geschosswohnungsbau 2010.

[23] VDI-Richtlinie 2715: Lärmminderung an Warm- und Heißwasser-Heizungsanlagen; Entwurf 1999.

[24] VDI-Richtlinie 2566, Blatt 1, Schallschutz bei Aufzugsanlagen mit Triebwerksraum, Dez. 2001 und Blatt 2, Schallschutz bei Aufzugsanlagen ohne Triebwerksraum, Dez. 2002.

[25] E DIN 4109-1:2006-10: Schallschutz im Hochbau, Teil 1: Anforderungen.

[26] VDI-Richtlinie 2719:1987-8: Schalldämmung von Fenstern und deren Zusatzeinrichtungen.

[27] DIN 4109 Beiblatt 1/A1:2003-09: Schallschutz im Hochbau – Ausführungsbeispiele und Rechenverfahren; Änderung A1.

[28] Pech, A.; Pöhn, C.: Bauphysik, Band 1 der Fachbuchreihe Baukonstruktionen, Springer Verlag.

[29] VDI-Richtlinie 3728:2010-06 (Entwurf): Schalldämmung beweglicher Raumabschlüsse – Türen und Mobilwände.

[30] Fuchs, H. V.: Schallabsorber und Schalldämpfer. 3. Auflage, Springer Verlag, Berlin 2010.

[31] DIN EN ISO 140-6:1998-12: Akustik – Messung der Schalldämmung in Gebäuden und von Bauteilen; Teil 6: Messung der Trittschalldämmung von Decken in Prüfständen (ISO 140-6: 1998); Deutsche Fassung EN ISO 140-6:1998.

[32] DIN EN ISO 140-7:1998-12: Akustik – Messung der Schalldämmung in Gebäuden und von Bauteilen; Teil 7: Messung der Trittschalldämmung von Decken in Gebäuden (ISO 140-7: 1998); Deutsche Fassung EN ISO 140-7:1998.

[33] DIN EN ISO 717-2:2006-11: Akustik – Bewertung der Schalldämmung in Gebäuden und von Bauteilen; Teil 2: Trittschalldämmung (ISO 717-2:1996+AM1:2006); Deutsche Fassung EN- ISO 717-2:1996+A1:2006.

[34] DIN EN IS0 140-4:1998-12: Akustik – Messung der Schalldämmung in Gebäuden und von Bauteilen; Teil 1: Luftschalldämmung zwischen Räumen in Gebäuden (ISO 140-4: 1998); Deutsche Fassung EN ISO 140-4:1998.

[35] DIN EN ISO 717-1:2006-11: Akustik – Bewertung der Schalldämmung in Gebäuden und von Bauteilen; Teil 1: Luftschalldämmung (ISO 717-1:1996+AM1:2006); Deutsche Fassung EN- ISO 717-1:1996+A1:2006.

[36] Moll, W.: Vorschläge für eine Neufassung von Anforderungen in DIN 4109 „Schallschutz im Hochbau". Bauphysik 3/2001.

Literaturverzeichnis

[37] VDI 4100:2007-08 (Entwurf): Schallschutz im Hochbau – Wohnungen – Beurteilung und Vorschläge für erhöhten Schallschutz; 2. Entwurf erscheint im Frühjahr 2011.

[38] Normenreihe DIN EN 12354: Bauakustik-Berechnung der akustischen Eigenschaften von Gebäuden aus den Bauteileigenschaften; Teil 1: Luftschalldämmung zwischen Räumen: 2000-12 und Teil 2: Trittschalldämmung zwischen Räumen: 2000-09.

[39] Büning, W.: Bauanatomie – Handwerklich-technische Grundlagen des Wohnbaues als Einführung in die Baukunst. DBZ 1928.

[40] Cremer, L.: Theorie der Schalldämmung dünner Wände bei schrägem Schalleinfall: Akustische Zeitschrift 7 – 1942.

Stichwortverzeichnis

Absorption   Anh. 7
Absorptionsfläche   Anh. 8
Addition und Subtraktion von
   Schallpegeln   Anh. 4
Anforderung   4
A-Schallpegel   Anh. 3
Aufzüge   71
Außengeräusche/Außenlärm   73 ff;
   Anh. 5 (Tab. A5.1)
Bauakustik   25
Bauen im Bestand   83
Bauweisen und Schallschutz   49 ff
Bau-Schalldämmmaß   15
Bezugskurve Luftschall   Anh. 9
Bezugskurve Trittschall   Anh. 12
Biegeschwingungen   Anh. 10
biegesteif/biegeweich   16; Anh. 10
Chronologie der bauakustischen Anfor-
   derungen   25 ff, 26–27 (Tab. 3.1)
C-Schallpegel   Anh. 3
C/A-Differenz 3
Dachgeschosse – Ausbau von   84 ff
Dämmung von Luftschall   Anh. 7
Dämmung von Trittschall   Anh. 12
DDR-Standard TGL 1087/03
DIN 4109   25 ff
einschalige Bauteile   13
Empfehlungen für einen besonders
   hochwertigen Schallschutz   79
Flankenschall   14
Frequenz   Anh. 1
Frequenzbewertungskurven
   A,B,C   Anh. 3
Fußböden, schalltechnische Eigenschaf-
   ten   21 ff (Tab. 2.1)

Gehschall   21 (Bild 2.7)
Geräuschspektrum   Anh. 3
Grundgeräuschpegel   6, 7; Anh. 3, 14
Grundgesetz   1
Heizungsanlagen   70
Hören   6
Hörfläche   Anh. 1
Holzbalkendecken, alte   62 f
Holzdecken, moderne   63 f
Koinzidenzeffekt   Anh. 10
Koinzidenzfrequenz von Baustof-
   fen   Anh. 10
Langzeitmonitoring   8
Lärm   10
Lautstärke   Anh. 2
Lautheit   Anh. 2
Logarithmen   Anh. 4
Luftschall   3; Anh. 7
Luftschalldämmung   13
Luftschallschutz   3
Luftschallübertragung   14
Masse-Feder-Masse-System   Anh. 11
Massegesetz   15
maßgeblicher Außengeräuschpegel
   73 ff (Tab. 7.1)
mehrschalige Bauteile 1
Merksätze zum Schallschutz   93 f
mehrschichtige Bauteile   14
Mindestanforderung   5
mittlerer Maximalpegel   Anh. 3
NA Bau   3
NALS   3
Nachhallzeit   Anh. 8
Normung   3
Raumakustik (im Wohnbereich)   95 f

Schallschutz im Wohnungsbau: Gütekriterien, Möglichkeiten, Konstruktionen. W. Moll, A. Moll
© 2011 Ernst & Sohn GmbH & Co. KG. Published by Ernst & Sohn GmbH & Co. KG.

Reflexion Anh. 7
Resonanzfrequenz Anh. 11
resultierende Schalldämmung 75 f;
  Anh. 15
Schall Anh. 1
Schalldämmung/Schallschutz 33 ff, 93
Schalldämm-Maß Anh. 9
Schalldämmung
– von Fenstern 76 ff (Tab. 7.2)
– von Außenwänden 76, 80
Schallpegel Anh. 1
Schallpegelskala 11
Schallpegel von Innen- und Außengeräuschen in Wohnungen Anh. 5
Schallpegeldifferenz Anh. 8
Schalldruck Anh. 1
Schalldruckpegel Anh. 1
Schallleistung Anh. 6
Schallleistungspegel Anh. 6
– von Sprache und Wohngeräuschen Anh. 6, 14
Schallschutz 3
– hochwertiger 79 ff
– nach DIN 4109 2
Schallschutzstufen nach VDI 4100
  44 ff
Schallschutzziel 1
schwimmende Estriche 54

Spektrum-Anpassungswerte Anh. 13
Spuranpassungseffekt 16; Anh. 10
Stille 10
TGA-Anlagen, Schallschutz-Anforderungen 46
Treppen 64 ff, 80
Trittschall Bild 2.7; Anh. 12
Trittschalldämmung 13; Anh. 12
Trittschall-Hammerwerk Anh. 12
Trittschallminderung Anh. 12
Trittschallschutz 3
Trittschallübertragung 20 f (Bild 2.6)
Trockenbau 57 ff
Umgebungslärm 6
Unverletzlichkeit der Wohnung 1
VDI-Richtlinien 3
VDI 4100 30 ff
Verdeckung (Maskierung) Anh. 14
Verkehrslärm Anh. 3
Wege der Luftschallübertragung 14
Wege der Trittschallübertragung 20 ff
  (Bild 2.6)
Wellenlänge Anh. 1
Wohngeräusche 6 ff
Wohnungseingangstüren 80, 90
zeitlich schwankender Pegel Anh. 3
Zimmertrennwände 80